U0157641

追求更美好的

城市

——六大城市战略规划回顾与反思

郑德高 孙 娟 马 璇 著

中国建筑工业出版社

审图号：GS（2022）5768号

图书在版编目（CIP）数据

追求更美好的城市：六大城市战略规划回顾与反思 /
郑德高，孙娟，马璇著 . —北京：中国建筑工业出版社，
2022.10（2024.4 重印）
ISBN 978-7-112-27712-4

Ⅰ . ①追… Ⅱ . ①郑… ②孙… ③马… Ⅲ . ①城市规
划—研究—中国 Ⅳ . ①TU984.2

中国版本图书馆 CIP 数据核字（2022）第 141536 号

责任编辑：滕云飞
责任校对：王 烨

追求更美好的城市——六大城市战略规划回顾与反思
郑德高 孙 娟 马 璇 著

*
中国建筑工业出版社出版、发行（北京海淀三里河路 9 号）
各地新华书店、建筑书店经销
华之逸品书装设计制版
北京中科印刷有限公司印刷
*
开本：880 毫米 ×1230 毫米 1/32 印张：9⅞ 字数：164 千字
2023 年 2 月第一版 2024 年 4 月第三次印刷
定价：**62.00** 元
ISBN 978-7-112-27712-4
（39808）

序 言

故事的缘起，本书的初心

　　2012年以来，笔者陆陆续续主持和参与完成了中国一系列城市2049远景发展战略和总体规划的工作，这些城市包括武汉、杭州、大连、天津、十堰、上海等城市。这6个城市虽然不多，但也很具有代表性，有长三角的城市，有中部的城市、有京津冀的城市，有东北的城市。有的城市已经进入知识创新经济主导的时代，有的城市正经历再工业化时期，有的城市还面临着人才与人口的流失，但无一例外，都在面临城市发展转型的挑战。这种转型既涉及生态文明背景下对城市发展的要求，也涉及全球化逆潮与新经济崛起所带来的城市经济地理的新一轮重塑。

　　在城市普遍面临转型与经济地理面临重塑的新趋势下，本书想通过这6个城市规划与发展的一场巡礼，来审视当前城市发展面临的共同挑战，以及这些城市又有什么样的对策。

笔者参与编制的6个城市的发展战略，可以从一个侧面反映出对于城市的转型发展和城市战略的了解。因为战略规划有其独特的视角。一般来说，战略规划虽然不是法定规划，但也是当前市委市政府从自身的发展角度更加关心的问题，有时政府对战略规划的重视程度甚至高于法定的总体规划，主要是战略规划其实更加具有综合性、前瞻性和编制的灵活性。有学者戏言，每个市长的抽屉里都应该有一本战略规划。所以战略规划比总体规划更能反映当前城市政府的所思所想、所做所行。

正因如此，笔者想写一本关于当前阶段城市战略的回顾与总结，读者一部分是从事城市规划的专业学者，另一部分是各城市的市长和城市规划的决策者。正是基于对上述写作对象的认识，所以笔者希望，本书的写作风格不是专业理论知识堆砌，而是通过通俗易懂、有故事性的表述来阐明当前城市转型的前因后果。

此外，城市远景发展战略也经历了两轮重要的转变，第一轮是2000年广州城市发展战略所带来的各个城市发展战略的"风起云涌"，第二轮笔者则是指2012年武汉2049城市远景发展战略所带来的之后若干城市远景规划的"方兴未艾"。如果说第一轮战略更多是基于增长主义和城市扩张，那么第二轮战略更多是基于生态文明背景的城市转型与可持续发展，但也都需要回答当前城市政府在城市建设上应该重点做什么。

本书也深受英国规划大师彼得·霍尔先生2013年出版的《更好的城市：寻找欧洲失落的城市生活艺术》的启发。彼得·霍尔在全书中分析了当前城市发展面临的5个方面最重要的挑战，包括重新平衡我们的城市经济，建造新的家园，连接人和地方，有限资源下的生活、修复破损的机制等；同时通过泛欧的旅行，向德国、荷兰、法国、斯堪的纳维亚等国家地区的好的城市案例学习，从而对未来好的城市发展策略提出建议。本书也是期望通过对精选的6个城市案例的剖析，认识当前城市发展面临的核心挑战是什么，这6个城市又是如何应对的，在追求"更美好的城市"过程中我们又能学到什么，这是本书的初心和使命。

目 录

第 1 章
CHAPTER 1

导论

追求更美好的城市

武汉 / 上海 / 杭州 / 大连 / 天津 / 十堰

"范式"的转移，"主义"的变迁

"战略"（strategy）一词最早运用于军事领域，战为战争，略为谋略，后来逐渐应用到企业的竞争策略，之后一些城市也开始编制城市发展战略。最早编制城市发展战略的可能是温哥华，中国城市发展战略最早是在2000年左右由广州编制的。城市发展战略从技术方法上来说主要有问题导向和目标导向两条技术路径，问题导向主要是理清当前城市发展面临的核心问题与挑战，目标导向是克服当前的挑战，从而为城市描绘一个可能实现的愿景。相对来说目标不太可能发生太大的变化，而挑战随着外部环境的变化会发生较大的变化，如果你不适应这种变化，你随时可能在城市的竞争中被淘汰或被边缘化。

2000年左右的城市似乎处于同一起跑线，面临最主要的挑战是城市之间的相互竞争。当时的竞争更多表现为"零和博弈"，企业来我这里就不去你那里了，竞争的关键是"招商引资"，吸引企业进驻城市，而企业更多是关注成本最低，包括土地成本和税收优惠，因而城市发展战略的核心是扩展城市的空间，通过建设新城或开发区来吸引企业，从而增强城市的竞争力。比如2000年广州战略提出的"北优、南拓、东进、西联"——后来加上了"中调"的十字发展战略。城市土地扩张是多种因素的产物，用现在的眼光来看，那一轮城市的土地扩张有正面的作用，也有一些负面的影响，正面的作用包括地方以土地财政支撑了城市各项基础设施的建设，吸引了更多的企业，加快了中国的城镇化进程等，负面的影响是"土地城市化"快于"人口的城市化"，城市低效蔓延，土地浪费严重，以及投资的不经济等，从而引来大家对"土地财政"的争议。鉴于对城市低效蔓延的批评，中央政府也一再收紧土地指标，避免城市的盲目扩张。

2000年以来城市经过了快速的扩张与发展，许多学者认为这是一种"增长主义"导向的发展模式，即只注重经济发展，忽略了环境的保护，因此也带来诸多的问题，包括资源环境的破坏、环境污染日益严重、生物多样性严重退化等。尤其是严重的空气污染、频发的食品安全问题，导致老百姓并没有感受到经济增长带来的幸福指数的提高，"经济繁荣、生态良好、社会和谐"应该是城市发展的重要成长三角，显然过去的发展模式忽略其他两个角，因此需要转型发展。2012年党的十八大以来，把生

态文明建设与经济建设、政治建设、文化建设、社会建设
一道纳入中国特色社会主义事业总体布局，显然生态文明
背景下的城市发展与"增长主义"导向的城市发展有着显
著的不同。学术上喜欢用"范式"的转变，这是美国科学
哲学家库恩（库恩，1968）在《科学革命的结构》中提到
的一个概念，强调一种共同遵守的基本理论无法对现有的
许多事实进行解释，而需要出现一种新的基本理论，比如
1543年，哥白尼提出的"日心说"逐步替代了原有的"地
心说"理论，就是一种范式转移。本文借鉴了范式转移
的概念，强调城市发展可能是原来共同遵守的一种增长主
义，当增长主义难以为继的时候，需要一种新的主义来指
导，而这种"主义"的转移会给城市带来新的机会和挑战。

经济地理的重塑，城市面临的挑战

从增长主义的城市发展到生态文明背景下的城市发
展，这意味着是从工业文明转向生态文明，但新的转移目
前来看还不是单一线索和路径，不是简单的之前发展工
业，现在只注重生态就行，还要在生态文明背景下更加注
重城市的可持续发展，就是说发展不能单一维度，还需要

把经济发展、社会和谐、环境保护综合起来考虑。传统的可持续发展强调经济、社会、环境三个支柱的综合进步，强调经济发展可以抵消社会和环境方面的损失，而"里约+20"峰会之后，强调经济发展的前提是自然资本的不减少和社会的公平性，对传统的弱可持续发展和新的强可持续发展进行了区别，对可持续发展提出了更高的目标。

除了可持续发展，城市正面临城市化发展第三次浪潮和"知识-创新"时代的挑战。艾伦·J·斯科特（Allen J.Scott）在《浮现的世界：21世纪的城市与区域》一书中认为，第一次浪潮为18世纪晚期在英国和欧美出现的传统手工式作坊工厂，典型的城市有曼彻斯特等早期工业城市。第二次浪潮是从19世纪末开始的资本主义批量生产体系模式，葛兰西（Gramsci，1975）称为福特主义或福特制的积累体制，这一时期典型的城市是芝加哥。第三次浪潮是斯科特提出的以数字技术和高技能知识型劳动力为基础的新资本主义体系，并将在全球范围内形成新的城市形态，尤其在城市-区域层面的经济地理重构，而洛杉矶、硅谷是这一新经济的典型地区，这也是一种新的"认知-文化"经济。笔者在另外一文中认为这是一种新经济地理时代，传统的经济地理是人跟着企业走，在新经济地理时代是企业跟着人走，城市发展的新时代强调以人为核心的"知识经济"的外溢所带来的城市创新，笔者用"知识-创新"经济时代来认知当前的城市发展。

在当前的城市发展中，还有一股看似矛盾的力量影响着城市发展，即全球城市理论与逆全球化所形成的新区域主义理论。弗里德曼提出的世界城市理论和萨森所提出的全球城市理论认为，城市的发展主要受那些具有很强的资本支配能力和资本服务能力的全球城市所支配（比如纽约、伦敦等），全球城市的影响力逐渐分层级扩散到世界各地，这种分层级的联系形成了全球城市网络。被纳入全球城市网络的城市有能力融入全球经济发展，没有被纳入的城市就会被边缘化，这是全球城市以及相应的网络化所带来的新的城市发展趋势，GaWC每年对全球城市进行分级和排名，中国的城市也很热衷于这个城市排名。在全球城市化如火如荼的时候，特朗普上任带来的逆全球化风潮也影响着城市的发展，城市增强对外联系的同时，也越来越受到向内的面向区域发展的影响，链接全球和链接区域是城市发展的两个重要维度，比较重要的案例是上海的两个机场定位，浦东机场及其周边地区主要是链接全球。可以看到浦东地区布置了自贸区、金融区等，而虹桥机场及其周边地区主要是链接区域，包含了长三角示范区、虹桥商务区等。

如果说上一轮经济重塑主要是全球化所带来的"沿海化、城市化、城市群化"（世界银行，2009），那么新一轮经济地理重塑的趋势是什么呢？应该来说，城市化和城市群化的趋势还会继续，但沿海化的趋势会减缓，内陆城市也会迎来新一轮的机会。更加符合知识-创新经济、生态文明的可持续发展理念，以及全球城市和新区域主义理论的城市会崛起，城市会形成新一轮的等级体系，区域上会构建新一轮的网络联系，同时符合"绿水青山就是金山银山"的新地域化模式会迎来新一轮机会，等级化、网络化和地域化三种力量会相互作用（郑德高，2020）。在这种趋势下，城市需要面临哪些新的挑战，或者跨越哪些陷阱才能更符合未来城市的发展趋势呢？

挑战一：经济转型，永远的目标

当前中国所有的城市都面临经济转型的痛苦，但经济转型是城市发展重要战略。转型比较好且典型的城市是新加坡，经常说新加坡是10年就进行一次转型。新加坡1960年代建国之初主要是劳动密集型产业，1970年代主要是经济密集型产业，1980年代经历所谓"第二次工业革命"，向电子、化学、机械以及运输设备制造等资本、技术密集型产业转移，1990年代开始采用"双引擎"战略，制造业和服务业并行发展，制造业主要包括环保科技、清洁能源等科技密集型产业，21世纪主要是知识密集型产业，未来主要是向创新密集型的产业发展 ①。新加坡的启示在于城市要有国际竞争力，经济发展需要不断转型升级，由于路径依赖的原因，其实每次城市转型是非常痛苦的，或者经常是被动的，但不转型的结果是城市会逐渐被淘汰和边缘化。

中国的城市也都普遍面临经济转型的压力，主要有三类城市，一类是已经处于价值链上游，本身以服务业为主导的城市，比如上海转型的目标是从四个中心转向"卓越的全球城市"，其内涵也是从2000年以来一直提倡的四个中心（经济中心、金融中心、航运中心、贸易中心的）转向科技之城、人文之城与生态之城的综合发展目标，同时在资本的控制能力与服务能力上迈入全球城市的顶端。此外，还有一类城市传统是以工业为主，期望转向"工业与

---

① 新加坡半个世纪5次转型人均 GDP 增长80倍，作者/来源：佘慧萍等南方都市报 http://finance.sina.com.cn，2011 年 03 月 01 日.

服务业"并重的城市，比如武汉，一直在工业倍增计划与国家中心城市之间取舍；第三类主要是以工业主导的城市，期望在产业升级和价值链往上游走，实现"工业化和信息化"的融合发展，比如德国率先提出工业4.0发展战略，强调智能化的工业发展。当然大部分城市是很难严格区分为是服务业主导还是制造业主导的，都是希望同时向服务业的高端化和制造业的智能化方向转型发展。此外，创新驱动成为这些城市主要的转型发展方向，目前深圳、杭州等城市引领了新一轮的创新驱动发展。

测量城市是否转型发展还有一个很好的测量指标，按照固定资产投资占GDP的比重，来衡量城市是否转型发展。一般来说，也有三种类型：高投资驱动的城市，中投资驱动的城市和低投资驱动的城市，而上海、深圳等城市，由于用地紧张，城市不能依赖土地的扩张来实现土地财政，被迫转而走向内涵式发展。深圳2005年左右就提出"四个难以为继"（一是土地、空间难以为继；二是能源、水资源难以为继；三是实现万亿GDP需要更多劳动力投入，而城市已经不堪人口重负，难以为继；四是环境承载力难以为继)，被迫进行转型发展，目前是努力建设"国际化创新型城市"。上海在"十二五"规划中率先提出"转型发展、创新驱动",上海总体规划（2017–2035）中也明确提出用地"零增长",标志着上海城市发展模式的全面转型,有数据显示上海2017年投资占GDP比重仅仅只有22%,城市主要靠内涵式发展。

挑战二：空间转型，精明增长是主线

经济转型的同时,城市也面临空间转型。其基本的逻辑是过去经济发展一是依靠土地扩张所形成的土地低成本来吸引企业,而新的经济地理是以知识-创新经济为主,其核心是吸引人,因此从"人跟着企业走"到"企业跟着人走"的逻辑转变需要建设更加吸引人的城市环境。这个逻辑其实各个城市也都懂,至少各个城市纷纷推出吸引人才的政策,主要表现在落户政策、购房补贴政策和创业政策等几个方面。比如深圳的落户政策为大专以上应届毕业即可办理,租房补贴本科生为15000元/人,硕士为25000元/人,博士为30000元/人。杭州规定毕业后一年内在本市用人单位就业或自主创业,硕士一次性补贴2万元,博士一次性补贴3万元等。武汉、大连、西安、南京等城市都有类似的补贴政策,这说明了各个大城市对人才的重视。从关注企业到关注人才,其实是城市转型的重要一

步，但难度更大的是空间转型。

土地财政带来的好处与坏处都是显而易见的，好处是地方的收入，坏处是土地的低效蔓延，对付低效蔓延是全世界城市共同面对的难题。即使是土地资源丰富的欧美国家，也痛恨城市的低效蔓延，于是出台很多的政策来对付。首先，最有名的政策是艾伯克龙比1942年在其主持的大伦敦规划中提出建设的环城绿化带，绿化带宽约$13 \sim 14$km，面积达到5780km^2。环城绿化带是对城市规划影响最大的一种理念，伯明翰、巴黎、莫斯科等城市的环城绿化带非常出名，中国的北京、上海等城市也提出了环城绿化带的概念，可惜由于各种原因并没有完全建成。其次，美国波特兰出台的城市增长边界也影响巨大，增长边界意在限制城市无序蔓延，目前中国土地管理正在借鉴"城市增长边界"理论，但效果还没有显现，更多是指标控制政策。最后是许多欧洲国家提出的城市新的建设必须在"棕地"上发展，各国对棕地的定义略有不同，但基本类似于我国表述的存量用地，以英国为例，棕地基本定义是曾经利用过而后被闲置的、遗弃的或者未充分利用的土地。

无论是发达国家还是发展中国家，大家似乎有一个共识，要控制城市的低效蔓延，手段包括环城绿化带、城市增长边界、棕地上发展等。中国大部分城市由于土地城市化大于人口城市化，低效蔓延也非常严重，因此促进城市空间的转型发展也是当务之急，北京和上海率先提出用地的"零增长"或者"负增长"，大部分城市还在犹豫与彷徨之中，但是原有的粗放发展路径无论从国家政策角度还是从新经济逻辑角度都难以为继，城市需要"紧凑发展"，或者是"精明增长"，这是重要的未来空间政策的取向，当然挑战巨大。

2020年初的新冠疫情之后，一些学者认为紧凑发展不适合提了，其实紧凑发展不等于高层高密度发展。高层高密度现在看来容易导致传染病的暴发，笔者一直鼓励"中密度"的发展模式，这也是从社会效益、经济效益与能源节约等综合角度得出的结论，在反思低密度所带来的低效问题，以及高密度带来的风险问题之后，城市应该倡导一种"中密度"的紧凑发展模式，这应该是一种精明增长。

挑战三：可持续发展，绿水青山就是金山银山

应该说对当前全球的城市影响最大的政策是可持续发展。1972年一个着重未来学研究的民间学术团体罗马俱乐部发表了《增长的极限》一书，预言当前的经济增长模式将会导致超越地球的承载力而"崩溃"。这本书引起的争议巨大，但无论如何，这本书还是改变了人类的思考方式，各个国家都非常重视可持续发展。1987年世界环境与发展组织《我们共同的未来》首次提出可持续发展的概念，1992年联合国通过了以可持续发展为核心的《里约环境与发展宣言》，标志着各国政府对环境的重视，里约宣言也特别强调社会公平与环境的可持续发展。

中国在党的十八大以后，推出了升级版的"可持续发展战略"，不仅强调保护生态环境，而且强调"绿水青山就是金山银山"，这是一种更新原有理念的，基于生态文明的发展观。如何贯彻落实新发展理念，各个城市都在积极探索。2020年在"领导人气候峰会"上宣布中国力争2030年前实现碳达峰、2060年前实现碳中和，是推动构建人类命运共同体和实现可持续发展做出的重大战略决策。这一双碳目标的提出意味着未来中国城市的能源系统将发生新一轮的变革，清洁能源将不断取代传统化石燃料，新型的能源基础设施布局也将产生变化。

可持续发展强调以绿色发展理念引领城市发展，一些绿色城区的标准也在陆陆续续出台。欧洲最典型的案例是瑞典首都斯德哥尔摩的"哈马碧"新城，其实这个新城大约只有2.8万居民，1.6万就业人口，是高循环、低排放、人性化城市的典范，之后中国青岛的中德生态园、天津的中新生态城也做了积极的探索。

除了以低碳为代表的生态城市，还有以自然生态为城市发展灵魂的城市，比如杭州，特别强调城市以西湖、西溪湿地等作为城市的精神内核，比如西湖强调"三面云山一面城"的发展理念，城市贴近西湖但又不包围西湖，笔者认为"魅力圈"和"创新圈"是当前杭州发展最突出的两个特点，其实魅力圈和创新圈又是相互关联、相互促进的，在新经济地理学中，人是跟着企业走还是跟着城市走一直有不同的争议，魅力圈就是通过城市质量吸引人，而创新圈就是通过就业吸引人，两者兼而有之，是城市胜利的关键，就是既有绿水青山，又有金山银山了。

挑战四：提高城市生活质量，人民城市人民建，人民城市为人民

上海总体规划2035征求意见时，有人说，专家和政府官员热衷于讨论的"卓越的全球城市"与老百姓有何关系？城市规划后来又着重研究与老百姓密切相关的"15

分钟生活圈"。城市一方面要有较强的产业发展方面的竞争力，另一方面也要有较高的生活质量。

哈佛经济学家爱德华·格莱泽（Edward Glaeser）在著作《城市的胜利》中强调，更好生活质量与更高生活需求的匹配度是城市成功的关键，人们选择一座城市，主要是在收入、物价和生活质量三者之间权衡。过去人们关注收入和物价之间的平衡，现在人们更加注重城市的生活质量。城市生活质量包括有更多的博物馆、图书馆等文化设施，更多的美食，更好的教育与医疗等，纽约、伦敦为居民提供了更多的选择，提高了城市生活质量。

此外，美世咨询公司（Mercer）每年都会推出全球城市生活质量排行榜，评估因素主要包括娱乐、住房提供、经济环境、商品供给、公共服务与交通、政治与社会环境、自然环境、社交环境、学校与教育、医疗与健康等10个方面。2019年公布的排行榜中奥地利的维亚纳、瑞士的苏黎世、加拿大的温哥华排名前3位，新加坡排在亚洲城市的第1位，上海排在中国大陆城市的第1位。在与各个城市市长交谈中，笔者发现市长们是很在乎各种城市排名的，随着知识创新经济时代人力资本重要性的不断提升，城市生活质量成为城市竞争力的重要标志。

越来越多的城市开始围绕提升城市生活质量，让老百姓更有获得感等方面来做文章，比如上海在城市规划与建设中有两件事情值得关注。一是45km的黄浦江两岸景观带全线贯通，秉承"开放、美丽、人文、绿色、活力、舒适"理念，强调漫步道、跑步道、骑行道三道贯通，还江于民，成为世界级的滨水岸线，可以媲美纽约中央公园，以及后来的高线公园对纽约的重要意义，既有生态功能、又有经济功能、又有社会功能。二是上海率先提出的"15分钟社区生活圈"，强调在15分钟生活圈（大约3～5km²）范围内有基本公共服务（如为老服务中心、社区公共中心等）和品质提升的服务（文化休闲空间等）。2019年11月2日，总书记考察上海时指出"在城市建设中，一定要贯彻以人民为中心的发展思想，合理安排生产、生活、生态空间，努力扩大公共空间，让老百姓有休闲、健身、娱乐的地方，让城市成为老百姓宜业宜居的乐园。"国际上做得比较好的是新加坡，笔者在考察新加坡邻里中心时问当地的教授，中国也规划有居住区中心（或社区中心），新加坡也规划有邻里中心，但似乎新加坡更为成功，其秘诀是什么？教授的回答是新加坡政府首先是按照规划的基本原理布置邻里中心，关键是在运营方面政府持有邻里中心的物业，以较低的价格让市场来运行，邻里中心运营是政府与市场的结合。

城市的生活品质越来越成为城市竞争力的关键，而高质量发展与高品质生活是相互作用和相互强化的两个方面，因此城市从老百姓生活角度进行规划和建设，还有许多文章可以做。

挑战五：世界的流动性越来越强，交通空间的战略性越来越重要

随着信息革命的发展，人与人面对面的交流需求没有减少，反而越来越多了，而高铁、飞机的快速发展也加快了这种流动的频率，因此高铁地区和机场地区成为重要的交通空间，加上货物流动的枢纽集装箱港口，构成了城市发展的3个重要交通空间。

《超级版图：全球供应链、超级城市与新商业文明的崛起》作者康纳认为交通等基础设施的互联互通正在重塑未来，通过互联互通的链接，重组供应链网络，而这是一种深层次的组织力量，在供应链的世界里，互联程度最好的国家会胜出，同理，互联程度最好的城市也会胜出。因此城市的连接度和城市枢纽地区在城市中的核心作用越来

越重要。

过去我们对交通枢纽的认识只是交通功能，现在越来越意识到不能仅仅是交通功能，还要在枢纽周边地区有适当的开发，就是交通功能和城市功能要平衡发展。国内城市把交通功能和城市功能结合得比较好是上海虹桥枢纽，2007年左右，上海世博会之前笔者正好有机会对虹桥枢纽周边地区进行规划与设计，当时就提出虹桥周边地区可以定位为"面向长三角的商务中心"，这是在国内第一个围绕交通功能进行商务开发的案例。目前经过10多年的开发，虹桥商务区已经成为上海最重要的城市中心之一。伦敦国王十字街周边的开发也是一个经典案例，国王十字街地区是英国最大的综合交通枢纽，包含了尤斯顿站（Euston）、国王十字街站（King's Cross）和圣潘克拉斯站（St.Pancras）这3个火车站，该地区的城市更新大约从2006年开始，也是经过了10年左右的时间建成，目前已经成为英国最具文艺范儿的产业社区，吸引了谷歌等公司的入驻，国王十字街已经成为伦敦的一个网红地点，历史厚重、文化多样、富有活力，为商业、居住、旅游等多种用途提供理想的环境。

交通枢纽地区日益超越交通功能，成为城市生活的一部分。日本由于日益老龄化的威胁，一些城市已经开始出现收缩，因此城市建设特别强调围绕交通站点"紧凑发展"。城市交通枢纽地区越来越吸引一些科技公司和精英集聚于此，成为城市重要的创新地区、机会地区，交通和城市土地的耦合发展，成为当前城市规划和建设的重要发展理念。中国很多城市已经特别重视围绕交通枢纽地区发展，但成功的案例不多，其中有开发理念问题，也有体制机制问题，也有盲目开发规模过大问题。无论如何，促进交通和城市的耦合发展正成为当前城市发展的重要挑战之一。

借鉴与反思，六个城市的巡礼

梳理当前城市在实际建设中的5个挑战，每个城市也因为城市发展的区位不同、阶段不同，关键是城市本身基因也不同，不同城市面临的挑战有共同的地方，也有不同的地方，本书借鉴笔者自2012年以来参与的6个城市的愿景发展战略，来共同认识城市所面临的问题，以及城市所采取的战略和策略。选取的6个城市（武汉、上海、杭州、天津、大连、十堰）都有其典型的代表性。

武汉：更具竞争力和更可持续发展的国家中心城市的再思考

武汉是6个城市中最早开始2049城市愿景发展战略的城市，8年前当时武汉愿景发展战略制定的目标是"更具竞争力与更可持续发展的国家中心城市"，今天，当笔者写本书时，武汉刚刚经历了新冠肺炎疫情的冲击，整个城市按下暂停键将近76天，正积极谋划"疫后重振规划"。从武汉2049愿景发展战略，到武汉疫后重振规划，值得思考和总结的地方还有很多。

武汉2049城市愿景发展战略。项目的缘由是时任武汉市委市政府的主要领导期望回答3个问题，"武汉不能干什么""应该干什么""怎么干"。这是第一次将一个城市规划展望到建国100周年，虽然在当时有很大的争议，规划师有没有能力将一个城市的规划展望到这么久，这意味着什么，如何解释。我们的回答是这样的，城市愿景发展战略并不是要准确地表达2049年城市是什么样子，而是"用长远的价值观指导现在的行动"，这样的规划关键是"方向的正确，而不是数据的准确"。

按照这样的思路，我们试图回答武汉在"工业倍增计划与国家中心城市之间"如何选择的问题，从时间维度回答了武汉分步走的问题，从城市转型发展角度回答了如何"更具竞争力和更可持续发展"的问题，在关注城市竞争力的同时，也要关注城市的蓝绿空间、城市的15分钟生活圈等，从空间逻辑试图回答了城市中心过密与城市外围新城产城不融合的问题等。

现在回想起来，武汉2049战略似乎是城市发展转型的一个关键性的时间节点，在这个时期，已经意识到经济发展的转型升级和要更多关注可持续发展。实事求是地讲，整个城市的注意力更多地关注了城市竞争力转型升级这条线，对城市的可持续发展和对社区环境营造的关注度还是很不够的，这是值得反思的。新经济地理的新逻辑是认为经济发展和城市美好环境的营造是相互促进的"鸡"与"蛋"的关系，有时甚至分不清"鸡"和"蛋"谁先开始。因此武汉2049年最值得反思的是在强调经济的转型、创新驱动的同时，不能忽视健康环境品质的营造与社区生活圈的建设。（详细内容参见第2章）

上海：追求卓越的全球城市，"城市让生活更美好"

笔者在上海学习工作和生活很多年，上海一直在城市规划和建设方面追求更新的理念和更好的实践，总是能引领全国的发展。2007年，笔者开始主持上海虹桥交通枢纽地区规划时，上海率先把高铁与空港结合在一起，同时率先在交通枢纽地区建设虹桥商务区。把交通功能与城市功能平衡发展好，这在当时是一个最新的发展理念，后来在全国风起云涌的"空港经济区"和"高铁商务区"都是借鉴于此，当然除了上海虹桥外，成功的案例不多。

2010上海世博会的主题是"城市让生活更美好"，世博会也设立最佳实践区，通过众多生动的案例来阐述更美好的城市，这是一个意味深长的主题，城市已经成为人类文明进步、创新发展、文化交流的主要舞台，城市也有许多的"城市病"，城市能不能让生活更美好还有许多的质疑，而规划师和城市领导者的天生使命就是要"让城市让生活更美好"，而本书也遵循这一目标，将书名定位为"追求更美好的城市"。

2017年上海编制城市总体规划（2017–2035）时把城市发展目标从"四个中心"（经济中心、金融中心、贸易中心、航运中心）调整为追求卓越的全球城市，建设生态之城、人文之城、创新之城。这个发展目标对应了新时代的转型要求，一是期望上海能在全球城市顶尖城市之争中有一席之地，能与纽约、伦敦、巴黎、东京媲美，这是时代赋予上海的责任，同时追求全球城市目标时，还需要把握好生态、人文和创新三个重要维度，而不仅仅是经济维度的竞争，这其实也是把握好了城市发展的规律，城市的竞争是综合的社会、经济、环境之间的竞争。

上海总体规划在把握好城市发展目标时，从老百姓更有获得感的角度，率先提出了"15分钟生活圈"，从最基层的社区治理角度，精细化地描绘城市的建设。同时率先把45km长的黄浦江两岸景观带贯通，还江于民，让滨江岸线成为真正的世界级会客厅。在生态之城方面，上海率先提出了"零增长"目标，倒逼城市的转型发展，这对中国其他许多城市来说非常的"震撼"，需要极大的决心和勇气。同时上海也提出将崇明岛建设成为"世界级的生态岛"，更多地实施"+生态"的功能，审慎地面对"生态+"功能。

当然上海一系列转型发展的举动，也面临着创新发展不足的问题。上海的居住与商务的高成本与需要高品质低成本的创新创业环境之间还是有一些相互的挤压，这也需要在理论和实践层面有更好的探索，"城市让生活更美好"的追求任重道远。（详细内容参见第3章）

杭州：创新圈与魅力圈的相得益彰

杭州现在是明星城市，因为创新的风起云涌和美丽城市的景色，笔者在知乎上查了一下"杭州是个怎样的城市？"赞美的回答确实比较多，比如自然景观与人文景观完美融合的城市，小资的城市，互联网的城市，还有温柔中有些严肃，平淡中有些不羁的城市等。杭州的城市魅力在哪里，或者城市最担忧的地方是什么，2018 年杭州愿景发展战略让笔者有机会走进杭州，了解杭州发展的过去与未来。

从杭州的过去来说，西湖绝对是城市的经典，还有苏东坡主持的苏堤春晓和"浓妆淡抹总相宜"的美景。就西湖的城市设计而言，有一点可以值得别的城市借鉴，就是"三面云山一面城"的格局，城市只有一面临西湖，这样就保证了城市与西湖的完美融合。许多城市建一个湖，而围绕湖四周都用房地产包围，确实从格局上欠了一大截。

2003 年杭州开始建设范围大约为 $10km^2$ 的西溪湿地，本着"生态优先，最小干预，修旧如旧，注重文化，以人为本，可持续发展"的原则进行，西溪湿地建成后，杭州还是秉承西湖发展的基因，围绕西溪湿地逐渐发展旅游休闲功能，以及后来再发展以物联网为主的新经济功能。西溪湿地给城市规划和建设的启示是，生态区位已经超越交通区位，成为城市发展的关键节点，这是与传统的规划理论不同的。传统规划理论围绕城市中心高密度发展，而西溪湿地模式是围绕生态节点中密度发展，把生态环境与新经济结合，这就是一种"绿水青山就是金山银山"的模式，是一种典型的"魅力圈"模式。

杭州成为明星城市，并非完全因为西湖与西溪湿地，而是以阿里巴巴为代表的互联网企业的迅速发展，在杭州互联网企业主要集聚在城市的滨江区、大城西等地方，创新企业大量集中在半径5km范围内，形成"5km创新圈"，这也符合经济地理对创新空间的认识，创新关键是创新人才之间利用相互知识溢出来促进发展，而创新溢出在初始阶段是有一定空间范围的，面对面的交流对知识交流与碰撞而言非常重要。在一定地理范围内积聚创新人才与创新相关的企业、风险投资等形成了所谓的创新圈。目前杭州的创新有自我加强的趋势，也在吸引全国的人才与知识精英，这是令其他许多城市所羡慕的。

目前深圳的创新圈与杭州的创新圈都已初步形成，但各有特色和自己的形成机制，杭州的创新与偶然事件相关

（比如马云），也与杭州城市生活品质（魅力圈）相关，杭州在讲述"有风景的地方就有新经济"的逻辑，虽然风景不一定能产生新经济，但新经济青睐有风景的地方。

杭州担忧的是其创新更多的是模式创新，缺乏实体经济的支撑，缺乏与本地的互动，也缺乏根植性与本地化创新，担心创新随时被转移。而杭州也意识到问题的关键，也一直在大江东等地方为实体经济准备了空间供给，但发展似乎不是很理想，如何促进创新与本地或都市圈的实体经济互动是政府决策者担心的问题，这也需要理论和实践的进一步探索。（详细内容参见第4章）

大连：浪漫但渴望创新驱动的，不东北的东北城市

当前，东北城市普遍面临人才和企业的外流，过去中国经济发展更多是东中西不平衡，目前已经转变为南北不平衡，这是在现代化转型背景下区域性的发展困境问题，分析原因，学者各有己见，有认为"文化原因"的，有认为"国企比重过高"的，有认为"气候原因"的，有认为"地缘政治原因"的，不一而足。当然解决区域不平衡是世界各国政府共同的难题，也是经济和地理学者一直以来重点研究的领域，关注的是如何解释这种不平衡和有何有

效对策来处理这种不平衡。无论如何振兴东北成为这一时代重要的命题之一，作为一个城市研究者，笔者平常多思考的是微观领域的变化，对振兴东北这样的宏大命题难有作为，但有机会通过2018年大连远景战略的这个项目来分析大连的困境和对策，或许对区域振兴有一点贡献。

首先，要把大连放在现代化转型背景下来分析，过去的大连有过很多的辉煌和名片，包括大连滨海城市有其独特的风景，气候原因无法解释目前大连的困境，美国阳光地带的兴起最近学者也更多归因于制度原因，而不是气候原因，况且类似东北气候的波士顿目前还是美国最创新的城市之一。大连也有中国最早的开发区，应该具有开放制度基因和文化基因，还有大连软件园过去也是非常有名，也有创新的基因，从调研中，笔者也感受到大连有一批有理想的民营企业等。目前大连的困境更多地受到区域衰落的影响，所以总体来看，大连应该在现代化转型的新时代，摒弃一些传统路径的"东北病"，彰显符合新经济和现代化转型背景下的新理念，而这些理念又有大连原始的基因。从而让大连走出困境，引领区域的振兴与发展，区域政策理论上有一条重要路径是先有"孤岛效应"，然后有"蝴蝶效应"，带动区域整体复兴。

传统的东北病从城市规划和建设来看，一是用地扩散过大，对于没有人口优势的地区来说，这容易导致投资效益低下，活力不足的问题。二是政府负担过重，政府各种机构过多，也连带大家对国有企业有很多的偏见，其实我们调研的很多企业的老板是来源于原来的国有企业，国有企业不是问题，而是大家对民营企业有偏见。三是营商环境有待提高，营商环境更多的是指正式的制度环境和无形的软环境，这是一个不断要求提升的变量，在营商环境相对较好的上海和杭州，也把营商环境作为当前工作的重点，看得出不同的时代，营商环境也需要升级。

屏蔽这些传统的"东北病"，城市适当地精明收缩，适当地减少一些政府型机构、适当地培育民营企业的营商环境，然后进一步彰显大连已经具有一些符合新经济特点的基因，如继续做好滨海和文化的文章，塑造美丽大连。继续发挥已有的高新区的创新基因，营造关键是吸引人才的创新环境。继续做好开放的文章，在判断人口不可能大规模增长的情况下，要更多地促进人口的"对流"，要让更多的商务人、旅游人、运动人、年轻人来大连做一定时间的停留，也进一步发挥港口的优势，促进货物在大连的流通。在美丽、创新、开放的基因下，大连应该能够再塑辉煌，幸运的是，大连的决策者也清楚地意识到当前的问题和前进的方向，正在努力前行，当然，这需要时间。(详细内容参见第5章)

天津：港口城市的艰难转型升级

在所有研究的6个城市中，比较难以说清楚的是天津，天津处在三大城市群之一的京津冀地区，北京是这个地区唯一的中心，京津冀如何协调与分工一直难以找到比较合理的路径，有一句话不是十分得体，但大致反映了现实，"北京走了天津的路，天津走了河北的路，让河北无路可走"(李晓江)。这说明3个地区都需要找到更合理的定位，天津也正处于这种迷茫之中。

2018年开始编制的天津2049年发展战略正是在这种背景下展开的，天津正面临转型、提升和寻找方向的关键时期。但是在这种转型中，京津冀由于很长一段时间都处于雾霾之中，加上2015年"8·12"天津港口爆炸对城市的影响巨大，因此天津领导者把生态优先放在一个很高的高度来决策，天津也期望把空间结构从原先的"一轴双城，双向发展"改为"一轴双城中生态"，这是一个重要的决策方向，同时也加强市域生态结构的梳理，建设大型的生态湿地。

显然仅仅强调生态还不够，天津绕不开的一个问题，就是如何看待滨海新城与天津港口的发展。天津和其他城市一样，用地增长过快，滨海新城和城市的距离也非常远，如何看待滨海新城以及位于滨海新城的天津港发展是一个纠结的问题。首先港口是京津冀重要的出海口，其重要性不言而喻，但与城市产业一样，港口需要进一步升级，国外大港都经历过这一过程，从散货码头升级为集装箱码头，然后再升级为以航运服务为主的枢纽港。但港口升级的背后是产业的升级，是产品的升级，这是典型的鸡与蛋的关系，因此天津的产业也需要升级，如果还是北京走了天津的路、天津走了河北的路，那产业与港口升级就无解了。因此天津的发展还需要遵循一个简单逻辑，先有产业升级，再有港口升级，然后滨海新城的服务升级，形成一个有活力、有创新的新城，因此归根结底，天津的发展当前急需要产业升级，目前天津也瞄准了智能科技产业发展方向并努力着。但是智能制造还需要创新人才、创新企业、创新研究机构的注入，这也需要时间，也需要机遇。（详细内容参见第6章）

十堰：波兹曼还是底特律

在所有6个城市中，其他5个都是大城市，只有十堰是个中等城市，而且还是一个很有特点的城市。十堰在中国的高知名度主要是3件事，一是有武当山，这是道家圣地，武当山古建筑群也是世界文化遗产。二是有丹江口水库，位于汉江中上游，南水北调工程之后，也是北京的水源地。三是十堰是国家三线建设时期新建的城市之一，主要由长春"中国第一汽车制造厂"抽派干部群众至十堰开设新厂，始定名为中国第二汽车制造厂，后来是东风汽车的总部，因此十堰的宣传口号是"仙山秀水汽车城"。

这座因汽车而建的城市因为2003年左右东风总部迁都武汉而面临产业转型的迷茫，从汽车产业本身来说，总部走出山沟是大势所趋。而对十堰来说，一旦汽车总部走出去了，其延伸的零部件企业也会逐渐走出去，汽车城急需要新的产业注入，而培育一个新的产业又是一个漫长的过程，这有点类似美国的汽车城底特律等传统工业城市，被迫"去工业化"而"后工业"产业又没有来临时，城市面临的是何去何从的现实问题。

幸运的是十堰有武当山，有丹江口水库，这应该是全国风景最好的地方，应该发展与风景相适应的产业，才能真正发挥其特长，走特色发展道路。笔者在全国城镇体系规划（2017–2035）（草案）中提出了在国家层面建设"国家魅力景观区"。其实就是针对有风景的地方应该发挥其独特的优势，将生态优势转化为旅游、休闲以及新经济的产业，将本土化与全球化相结合，形成全球本土化的新发展模式。日本的北海道就是日本的国家魅力观光区，通过与全球的链接从而使在北海道的人均收入与在东京的人均收入接近，这也是世界银行推荐的发展模式。美国黄石公园旁的波兹曼，因为靠近黄石公园，一些生物科技公司逐渐开始在此集聚，被誉为"有风景的地方有新经济"的典型代表城市。因此十堰从长远发展来看，应该基于人文与风景兼备的魅力区来培育新的产业，朝着"外修生态，内修人文，培育新经济"的目标前进，这个目标有点长远，有时会受到短时间的现实产业困境所干扰，但方向不能变，还是吴良镛先生说过的那句话"方向错了，快就是一种错误，方向对了，慢一点也不可怕"。（详细内容参见第7章）

　　本章讨论了本书的初心和出发点，讨论了当前城市发展面临的挑战，以及6个典型城市所面临的选择，本书更多的是结合自身的规划实践所做的思考，有很大的局限性，而且更多的是从规划师视野出发的，规划师天生对问题敏感，而对给出的发展方向又充满自信，这显然并不符合"城市是复杂的"这一客观规律，本书只能作为一家之言，但本书努力在寻找城市发展的客观规律，并期望能为"城市让生活更美好"贡献自己的一些观点，城市是共同营造和共同作用的结果，每个人都可以为此发出一点自己的声音。

第 2 章
CHAPTER 2

武汉：
更具竞争与可持续发展的城市

追求更美好的城市

武汉 / 上海 / 杭州 / 大连 / 天津 / 十堰

2020年的一场新冠肺炎疫情，让武汉被全球所认识，这座城市从开始的处理疫情不当被各种诟病，到后来封城76天引发各界热议，再到顺利抗疫成功被称为"英雄的城市"。究竟武汉是座什么样的城市，笔者作为曾经编制过也持续研究武汉这座城市的规划师，可以分享一些自己的认识。与武汉这座城市的缘分源自2012年编制的《武汉2049远景发展战略》。当时的武汉正处于蓬勃发展的时期，经济指标快速增长，大量的企业到武汉投资，优秀的人才也不再仅仅瞄准东部，开始向武汉回流集聚，城市建设的框架快速拉开。任何事情的发展都是双面的，城市的快速发展也带来了一些负面影响，当时网络上很多人都在吐槽武汉就像个大工地，没日没夜地基础设施建设，市民投诉因为基建带来的雾霾天数很多，城市环境变得越来越糟糕。

笔者进驻武汉调研接触了形形色色的武汉人，也深刻地体会了这座城市的多样与碰撞。一方面是一群充满激情为城市经济发展和竞争力提升努力奋斗的人们；另一方面则是由于城市快速扩张带来的诸多城市病引起了大家的担忧，空气污染，生态被侵蚀，公共服务设施保障不足，政府治理能力跟不上建设的步伐等，城市软实力提升和可持续发展的追求也被讨论得越来越多。在这样的背景下当时的市委市政府提出编制一个城市远景发展战略，希望用长远的价值观指导现在的行动。竞争力与可持续是那次远景战略讨论的两条核心路线。围绕着2049武汉也开展了对城市远景发展的3天大讨论，来自全球、全国和武汉各界的专家市民代表都对武汉未来的发展提出了自己的看法，也引起了媒体和网络的广泛讨论。那次讨论会上达成的共识是武汉城市竞争力的提升十分重要，但是城市可持续发展更重要。

如今回看当年的远景战略还是有其前瞻性，但是2020年一场疫情确实将武汉软实力的短板充分暴露出来。现在总结2012年编制的《武汉2049远景发展战略》的经验和遗憾，笔者首先想再对武汉这座城市的性格和精神进行剖析和认识，是不是一座城市的基因特点已然决定了城市发展方向的选择。

武汉的城市基因

在接触到形形色色的城市后，笔者发现似乎每个城市都有其一直传承的基因。研究城市发展战略首先要研究其城市基因，这个基因决定了城市的个性、精神和城市追求。武汉的城市基因里既有码头文化奠定的江湖气，也有张之洞时期奠定的现代化基因，更有改革开放后武汉追求大发展的创新城市基因，随着时代的发展城市基因也在不断地蝶变。

竞争力基因：码头文化的因果

武汉，九省通衢，它的繁荣源自明末清初，汉水改道从龟山以北汇入长江，在北岸（凹岸）形成汉口镇，逐渐发展成为全国性水陆交通枢纽。随着各帮商人纷纷前来汉口经营，以盐、典当、米、木材、棉布、药材六大行业为首形成了"二十里长街八码头"的繁荣场景，成为"楚中第一繁盛"。因码头而兴、因码头而旺的武汉也因此根植了"码头文化"的城市基因。武汉是码头文化、江湖文化、市井文化、楚文化的代表。在这样的环境中，武汉人精明，会做生意，但也有人斤斤计较，强买强卖；武汉人思想开放、勇于创新，跟得上潮流，赶得上时髦，但也有人过于激进，好高骛远；武汉人乐观、无畏，胸怀远大理想，但也有人缺乏脚踏实地；武汉人性格直爽、刚烈，但也有人暴躁、好吵架。这些地方文化与市民性格中的积极一面塑造了武汉的辉煌与飞速发展，但那些消极的成分也给外界留下了武汉排外、自负、不够开放的印象。如今，大家对武汉的码头文化内涵褒贬不一，有认为"打码头"的不易表现出了武汉坚毅强悍、豪爽豁达的一面，也有认为码头文化带来的江湖气让这个城市表现得过度追求竞争，缺乏包容和人文关怀的初心。

—关于武汉追求竞争力的故事—

区域格局中，武汉"一城独大"格局明显：相比于南京、杭州等都市圈，武汉城市圈 I 型大城市和 II 型大城市层级严重缺失，表现出了武汉城市首位度遥遥领先，中间大城市断层的特征。同时，武汉集聚态势愈加显著，武汉占全省生产总值（GDP）比重不断提升，从2005年的34.3%增至2019年的37.4%；在全国各省会城市首位度比较中，武汉以3.2位居全国第二（仅次于成都6.4）。

城市建设中目标高远，处处展现大武汉发展思维：发展目标方面，武汉早在2016年就提出打造国家中心城市的设想，并于2018年出台《武汉建设国

几个典型城市圈各级别城市数量对比　　表2-1

人口规模（万）	超大城市	特大城市	Ⅰ型大城市	Ⅱ型大城市	中等城市	Ⅰ型小城市	Ⅱ型小城市
	＞1000	500～1000	300～500	100～300	50～100	20～50	＜20
武汉城市圈	0	1	0	0	5	16	9
南京都市圈	0	1	0	2	3	15	10
杭州都市圈	0	1	0	1	3	11	3
环长株潭城镇群	0	0	1	1	6	29	10
中原城市群	0	0	1	1	4	19	29

家中心城市实施方案》，提出"到2035年，初步建成
在全球范围内具有一定竞争力和影响力的国家中心
城市"。发展规模方面，武汉人口和用地规模都有较
大的规划预期，市域常住人口从1000多万增至1700
万，市域城镇建设用地从近900km²增至1700km²；
并规划了大车都、大光谷、大临空、大临港四大板
块，每个板块规划面积约几百平方公里。城市建设方
面，武汉规划建设了各式各样的CBD，围绕7个中心
城区分别建设武汉中央商务区、汉正街中央服务区、

二七沿江商务区、四新会展商务区、武昌滨江商务区、青山滨江商务区、杨春湖商务区，并围绕商务区打造亚洲第一高楼——绿地606等一批新地标，反映了武汉发展的雄心。

现代化基因：张之洞的百年武汉梦

说起武汉的发展史，张之洞是必然要被提起的。1889年，张之洞担任湖广总督。其执政期间，大力推行洋务运动，特别是兴建汉阳铁厂、湖北枪炮厂，刺激了武汉近代工业兴起和城市商品经济的发展，并主持修建了芦汉铁路，创建了两湖书院等新式学堂，推动了近现代教育的发展。就任10年间，汉口的对外贸易总额常居全国第二位，"驾乎津门，直逼沪上"，成为当时唯一可与沿海几大通商口岸匹敌的内地口岸，享有"东方芝加哥"的美誉，也是唯独能和"大上海"并称"大武汉"的城市。所以如今的武汉人在很多场合特别喜欢用"大江大河大武汉"来形容自己的城市，"大"成为武汉城市气质一个独特的符号，城市要有大目标，建设要有大手笔，规划要有大框架。这可能是源自那个时代的发展自信。

在百年之前，张之洞以政治家、实业家的视野和气魄，为武汉制定了宏大的发展规划，奠定了武汉大都市的基本框架。张之洞主持规划建设了自武汉辐射四方的区域交通网络，包括向北的芦汉铁路、向南的粤汉铁路、向西的川汉铁路，这3条铁路与向东的长江水道，在武汉形成"十字形"主干交通线，将其九省通衢的交通优势发挥到极致。张之洞考虑到三镇不同的自然条件而分设职能，三镇分工格局延续至今。在汉阳地区的龟山、月湖一带，规划建设炼铁厂、兵工厂，促使汉阳转向近代工业。汉口地区城市沿江带状展开，实施"筑后湖大堤、拆汉口城墙、建后城马路、兴汉口新埠"等计划，促使汉口转向商贸重镇。在武昌城北自开口岸，创办两湖劝业场，建设纺织加工厂，同时大力兴办算学学堂、矿务学堂、自强学堂、女子师范学堂等新式学堂，成为近代中国新式教育中心之一。为保障城市防洪安全，张之洞先后在武昌修建了15km长的北堤、25km长的南堤，在汉口修建了17km长的后湖长堤（即今张公堤）。在保证城市免于水患的同时，大大拓展了城市的空间腹地。直到今天，张公堤化身为20余公里长、百米多宽的城市森林公园，成为市民郊野徒步、骑行的好去处。张之洞当年的政绩至今仍然影响着武汉，而时间却已经过了百年。可以说张之洞的武汉规划是最早的用长远的价值观指导当时建设行动的规划，是一个真正前瞻性与操作性相结合的战略规划。

— 武汉三镇功能分工延续 —

时至今日，武汉一城三镇格局依然显著，三镇之间功能分工也得到了较好的延续。

工业基础雄厚的大汉阳。在张之洞创办的汉阳铁厂和兵工厂基础上，汉阳工业持续发展，现已成为集钢铁、汽车、建材、电子等于一体的综合性工业基地，聚集了如东风本田、东风乘用车、神龙汽车、武烟集团、百威公司等众多知名企业。拥有范围面积最大的大车都产业平台，2018年汽车年产量首次超过100万辆（占武汉汽车总量的3/4），汽车及零部件产业已连续9年（至2019年）位居武汉支柱产业首位，也使武汉成为国内首个聚集了法、日、美、自主四大车系、五大整车企业的城市，可谓持续撑起了武汉工业的脊梁。

商贸服务繁荣的大汉口。在张之洞"兴汉口新埠"等计划的影响下，汉口商贸服务逐渐繁荣，据1911年《民立报》记载，"汉口商务在光绪三十一至三十二年间（1905年、1906年），其茂盛较之京沪犹驾而上之。"现如今，汉口已成为武汉三镇中面积最大、人口最多的地方，"货到汉口活"是历经百年的汉口传奇。前有堪称"天下第一街"的汉正街，正在经历更新改造后的蝶变，志在打造链接世界的中央服务区与时尚中心，并联动武广–江汉路地区成为武汉市最繁华的商圈；后又逐渐成形的汉口北，经历十年建设已成为一个面积800万 m^2 的超大规模的现代化商贸市场，成为"楚天第一繁盛处"的商贸物流中心，被授予"国家级市场贸易方式采购试点""中国最具投资潜力市场集群""国家电子商务示范基地"等称号。

文化科教兴盛的大武昌。因武而昌，因文而盛，素有"白云黄鹤大成武昌"的美誉。一方面，大武昌拥有全市最优的文化资源，1700多年历史的武昌古城，最有代表性的辛亥革命红色文化，集中了武汉大学、华中科技大学、华中师范大学、中南财经政法大学等众多高等学府和名牌大学，培育了陈东升、阎志、雷军、毛振华等一批国内顶尖的企业家。另一方面，依托大学科研院所发展出的2300多km²的大光谷，陆续拿下首批国家高新区、国家光电子信息产业基地、国家存储器基地等里程碑，吸引了众多创新人才和企业集聚，不仅培育了斗鱼、石墨文档、微派网络等一批本土互联网科技公司，也吸引了腾讯、华为、小米（第二总部）、小红书等巨头公司入驻。

魅力城市潜力：武汉与芝加哥对标

都说武汉是"东方芝加哥"，探索一下芝加哥城市生长的脉络，会发现芝加哥与武汉存在一个有趣的规划共同点。也在一百多年前，芝加哥规划之父丹尼尔·H.伯纳姆（Daniel H. Burnham），在1906年至1909年间受芝加哥商人俱乐部委托而编制了《芝加哥规划》。作为城市美化运动的创始人，伯纳姆首先为芝加哥构建了恢弘的绿地系统，设计了由内向外逐渐变大的三大圈层绿地，巧妙构思了沿密歇根湖的双层滨湖绿地，以外层作为绿色防护带，内层构建沿湖分布的风景长廊。为解决散乱的货场与铁路分割城市的问题，伯纳姆提出改变多家公司独自经营的局面，打造4条共享环形铁路，并将各种货站迁出城区，在外围选址建设一个集中的大型货运站。对于城市道路系统，伯纳姆提出超前规划的设想，打造4条环城高速路，拓宽一系列主干道，增加大型弧状林荫道及放射状道路，并增设大量双层设置的滨河大道。此外，伯纳姆还为芝加哥规划了30km²的城市心脏（中央商务区），并精心设计了贯穿东西，长达12km的国会大道景观轴线。

2019年，笔者有幸到芝加哥城市因公访问，在芝加哥美术馆看到了这个城市的规划方案，表现出了这个城市对百年前规划的尊重。这个规划一直沿用至今，为芝加哥提供了一个至今仍未过时的城市框架。我们看到的城市是如此美丽，30多km的湖滨绿地不断延伸，串联更多的绿地和大学，点缀众多的文化艺术设施，形成了整个芝加哥最惬意舒展的空间；湖滨快速路如规划设想的那样成为美景不断的景观路，3个圈层的绿化空间得到很好的延续，众多街道拓宽与环线建设也基本得到实施。值得一提的是，伯纳姆设想的宏大壮丽的中央商务区，在密歇根大街的"华丽一英里区"得以实现。除了实质性的规划指引，伯纳姆对芝加哥规划的思想更是深深融入到这座城市

伯纳姆《芝加哥规划》与张之洞武汉规划的异同比较　　表2-2

	芝加哥	武汉
规划之父	丹尼尔·H.伯纳姆（Daniel H. Burnham）	张之洞
规划时间	1909年	1889年至1907年
核心内容	**建设绿地系统**：依托东部密歇根湖建设大型连续完整的湖滨绿地，建设内部、中部、边缘三大圈层的绿地系统，通过林荫大道、园林大道与湖滨绿地串连 **完善铁路系统**：外围集中选址建设大型货物终端站，构建由快速客运交通、地下铁路、高架铁路等构成的综合体系 **布局城市街道系统**：规划4条环城高速，拓宽并改造一系列城市主干道，增加城市放射性道路 **打造中央商务区及中轴线**：30km²的中央商务区、长达12km的国会大道景观轴线	**建设辐射四方的区域交通网络**：芦汉铁路、粤汉铁路、川汉铁路等 **汉口沿江带状展开**：实施"筑后湖大堤、拆汉口城墙、建后城马路、兴汉口新埠"等计划 **汉阳选址建设工厂**：汉阳铁厂、汉阳兵工厂 **武昌加强开放与办学**：在武昌城北自开口岸，创办两湖劝业场，建设纺织加工厂，大力兴办新式学堂 **修建堤防**：修建保障城市防洪安全的武昌南北堤、汉口后湖长堤（即今张公堤）
实施情况	**奠定了芝加哥园林绿地建设的发展框架**：湖滨区形成了绵延30多km的大型绿化休闲带，3个圈层绿地基本按照规得以延续 **铁路整合理念得到延续**："统一调度、合作经营、站站衔接、无缝换乘"等城市综合交通设计理念得以延续 **街道建设基本得到实施**：湖滨快速路如设想的那样成为美景不断的景观路，一系列街道得到拓展，环线建设也基本得到实施，芝加哥滨河道路的双层设计得到实施，密歇根大街向北延伸与抬高处理得以落实 **中央商务区建设得以体现**：密歇根大街的"华丽一英里区"拥有全美最大期货市场、第二大商业中心区和世界著名的摩天大楼群	**奠定了百年武汉的工业基础**：让武汉成为工业重镇 **奠定武汉高校云集的基础**：创办了5所百年名校中的4所，武汉大学（自强学堂）、华中农业大学（湖北农务学堂）、武汉理工大学（湖北工艺学堂）、武汉科技大学（湖北工艺学堂） **通过修建长堤解除武汉水患形成延续至今的三镇分工格局**
新一轮远景战略的目标	《芝加哥2040》：全球经济中心，更繁荣、更可持续的地区；（2005年编制）	《武汉2049》：建设一个更具竞争力与更可持续发展的世界城市；（2012年编制）

中，一代代芝加哥城市规划者与缔造者以《芝加哥规划》的名义推行着各具时代风格的建设方案。因此，可以毫不夸张地说，《芝加哥规划》不仅是扭转城市无序发展的典范，更是"百年不过时的蓝图"。

武汉和芝加哥有相似的地方，比如区位特点，城市因港口而成为一个贸易城市，曾经的城市目标，芝加哥与纽约竞争第一名，大武汉与大上海的较量。但是也有很多不一样的地方，如今武汉中心城区（原武汉三镇）的人口规模已经达到640余万（2020年），芝加哥城市人口规模为200万。武汉更多在坚持着大武汉的梦想，芝加哥更多关注城市环境的维护和高品质城市空间的营造。竞争力与可持续都是这两个城市发展坚持的线索。武汉延续着竞争力的城市基因，芝加哥更多突出城市环境和软实力。

武汉与芝加哥百年前的规划有个很有意思的对比，也值得进一步研究，都是当初编制规划，一个执行了一百年，一个仅仅实施了10年后来因为各种原因而宣告终结。百废待兴时期的武汉规划，更多关注的是产业发展和城市的基础设施建设，关注现代产业的布局、港口，铁路的建设等，也关心软性方面的教育办学。而芝加哥规划更关注的是城市软生态环境的塑造，也包括对未来空间的留白（滨湖地区的预留），为城市空间的生长埋下了很好的伏笔，并一直坚持到现在。所以说竞争力和可持续两条线上，武汉一直追求的更多是大和竞争力的彰显。从这个角度可以看出，武汉规划更多是站在政治家的视角，而芝加哥规划更多的是从规划师视角出发，从一开始就关注城市生态环境和软实力的提升。这座精致优雅美丽的城市，诞生了很多设计公司，通过对城市建设的经营，体现着城市的品位。

—武汉生态人文资源丰富但彰显不足—

武汉拥有优越的资源本底。一方面，武汉市山水资源丰富，素有"百湖之城"的美誉，5km以上河流共165条，大小湖泊166个，水库289座，主要港渠118条，可谓兼有秀美江南的河网沟渠与大气雄浑的江风湖韵；也拥有显著的十字山水格局，位居武汉城区的龟山、蛇山、洪山等南北走向的丘陵与长江、汉水形成"十字山水轴"，呈现出得天独厚的山水城市格局与形态特质。另一方面，武汉市人文底蕴深厚。既拥有体现湖北地域特色的荆楚文化，与汉文化相互结合，形成具有地域特色的江汉文化；也拥有中国大陆最大开放港口城市所积淀的商埠文化，成为中西文化交流碰撞的舞台；还拥有典型的工业文化，现存代表工业文化的资源众多，汉阳造艺术区、青山"红房子"片区等成为城市发展工业文化的见证。

但武汉对于资源本底的挖掘与利用不足。一是自然山水类特色不够突出，百湖之市的特色展示不充分，现状城市公共设施布局与湖泊的关联度较低；二是历史人文类特色资源载体缺乏展示，未能与城市功能形成互动；三是武汉城市品牌塑造不足，"百度搜索"大数据显示，上海、广州、杭州等国内类似城市具有外滩、广州塔、西湖等可辨识度高的城市亮点空间，而武汉市民对于长江、黄鹤楼等城市空间形象感知并不明显。

但武汉具备打造魅力之城的基因与潜力。如2019年全线贯通的东湖绿道，让湖北、武汉成为"美丽中国"的典范，赢得社会各界赞誉。全长101.98km的绿道串接成网，是国内最长的5A级景区城市环湖绿道。除了护绿、植绿、补绿外，更规划了13条生物通道，以保护近百种野生动物的生存空间；同时，在郊野地区新建近5km污水管道，防止驿站污水入湖污染水生动物。2016年，东湖绿道入选"联合国人居署中国改善城市公共空间示范项目"，并被联合国人居署高级官员布鲁诺·德肯誉为"这一大手笔是世界罕见的。"

—武汉人的视角：企业家对城市的深沉期待—

周黑鸭是家土生土长的武汉本土企业，主打"时尚休闲食品"理念，在众多卤菜小店中脱颖而出，成了全国知名品牌，笔者采访企业负责人时已经实现全国销售收入7亿元。面向未来这位民营企业家充满了自豪，"武汉九省通衢，区位好，生活成本低，还有这么多年轻高知人才，未来发展大有作为。"但他也指出，"当前城市面临的问题是城市比较关注量的扩张，忽视了增长背后在城市硬件和软件系统的质的提升和支撑""我们60%原料（鸭子等）来自山东，那里有从养殖、宰杀、初加工、分包、处理等完善的体系，符合我们的要求，而武汉甚至湖北都难以达到这个标准"。"城市政府应当更关注教育和医疗基础设施建设，注重时尚品牌文化的塑造，城市长远竞争力还是在于做基本功"。在接近两小时的访谈里不难看出本地企业家对这座城市发生的激烈变化充满了自豪，但是本着对武汉的热爱和期盼又对快速扩张下城市治理水平的提高隐隐地有着担忧。

有趣的是访谈结束后，晚上这位企业家到宾馆给项目组送了好多盒周黑鸭感谢我们对武汉的投入和付出，小小的举动却在笔者的规划职业生涯中产生了很大的触动，武汉人耿直又细腻的人文精神让我们相信这座城市的潜力不仅是经济的发展，软实力的彰显也是我们需要去思考的重要方面。

—儿童畅想的武汉：中国梦·我的梦武汉2049全城画展待—

孩子是一个充满想象的群体，是城市未来的主人。从2013年7月起，在《武汉2049远景发展战略》全市大讨论过程中，武汉市组织"中国梦·我的梦武汉2049全城画展"，邀约70万在校中小学生拿起纸笔，在家长老师指导下观察、思考城市，画出梦想中2049年的大武汉。7月，活动走进武汉市"小时候·HAPPYHOUSE"青少年暑期日间托管公益项目，成为全市52间托管室里的"特别一课"。11月，江岸、武昌、青山等城区工地提供围墙作为画作展示平台，让武汉2049全城绽放。12月，在3000余幅作品中最后评选出了200幅最具想象力画作和100个城市梦想围墙。

那么，孩子们眼中的未来武汉是一座怎样的城市？

武汉2049是一座科幻之城。未来的武汉，坐火车可以去太空旅行。硕大的摩天轮利用水、风和太阳能等一切自然元素来驱动，提供日常所需的能量。人们搭乘圆圈金属飞行器往返于住处与公司之间，前往任何想去的地方。异形的摩天大楼高耸入云，大楼顶端还添加了风力发电和光伏发电装置，大楼的外壳与各通道都种满了绿色的生命之树，室内温度可以自动调节。

武汉2049是一座湖上之城。人们把房子建到了水面上，一艘大船托起高楼和绿树，晚上一抬头就能看到满天繁星。长江没有了浑黄的江水，有的是江水清澈明亮，江面上千帆竞发，人们乘坐小船穿梭于武汉三镇。在长江底，有观光长廊可以欣赏江景和神奇的水下世界，看着鱼儿自由自在。

武汉2049是一座花园之城。城市里到处林阴气爽，鸟语花香，清水长流，鱼跃草茂。城市屋顶变成了天然氧吧，种上了绿化带、水果等，人们可以在累的时候在屋顶休息。只需要推开窗，就能随手摘到四季不断的新鲜瓜果，全部都是绿色食品，好吃又放心。

武汉2049是一座交往之城。未来的武汉更加国际化，热干面和周黑鸭享誉全球。黄鹤楼下，来自世界各地不同肤色的小朋友欢乐地围在一起，黄鹤在天空翩翩起舞，欢迎远道而来的客人。武汉将吸引更多的外国人到来，也会举办更多有国际影响力的文化活动。

武汉2049全城画展活动激发了孩子们的好奇心和想象力，他们描绘出武汉未来发展的多种可能性，成为2049规划的重要灵感来源。同时，怀着对未来的美好期待，也进一步增强了孩子们作为武汉市民的自豪感。

面向未来：第一个编制远景战略的城市

"敢为人先，追求卓越"是武汉的城市口号，这个根植了竞争、开放、现代化基因的城市，从张之洞的百年规划开始一直对长远发展有着自身的思考。2012年武汉市委市政府提出要编制一个超长期规划，展望建国100周年，也是武汉解放百年，一个城市发展需要"百年大计"，才能避免走弯路、错路。

2012年的武汉正处于经济蓬勃发展的转折期，从2008年全球金融危机之后，国家逐渐采用"内陆内需"与"出口导向"并举的战略，武汉的发展从宏观政策、经济发展趋势、企业选择等视角都反映出积极向上的态势，也回应了武汉长期以来积累的区位、人才、市场和技术的四大优势。从宏观经济表现来看，2007年对于武汉是重要的转折点。在这一年武汉占全国GDP的比重为1.2%，是近10年来的一个低谷。此后，武汉的经济表现一路上扬，2012年武汉市地方生产总值超过8000亿元，占全国比重达到1.5%，5年间GDP平均增速超过20%。所以从竞争力视角来看，武汉无疑正处于快速发展充满机遇的时期。

但是，换个视角看武汉，在区域中武汉似乎并未发挥出中心城市带动腹地的作用；在产业发展模式上，武汉迈入工业化后期，继续工业化还是追求国家中心城市模式存在了争议；在文化软实力、政府治理水平等城市软环境发展方面，武汉这个城市并不能得到大家的认同。

武汉市领导也发现，过去城市的发展更多的是以经济发展作为相对单一的目标，但是从更长远的价值取向来看，当国家和城市的经济发展进入到一定阶段后，在经济目标外，人民还有更多的追求，包括追求更生态的环境、更清洁的空气、更舒适的生活、更绿色的交通等。"武汉2049"核心在于解决三大问题：第一，武汉的目标是什么？要避免走弯路，出现方向性错误；第二，明确我们不能做什么？要避免做错事留遗憾，避免短期行为，急功近利；第三，确定我们该做什么？避免错过机遇。越长远的规划涉及未来的变化越大，特别是武汉现在处于转型期，产业在变化，社会在转型，各个方面还在改革，我们需要考虑得更加全面。在这个过程中，我们首先要弄清楚不能做什么，避免给城市造成大的遗憾。不能做的就是不变的东西，虽然我们不可能准确地预见2049年具体的发展情况，但江、湖、山体不能再填挖，城市不能再摊大饼，产业发展要更加集约等，需要把这些大的格局明确下来。另外就是要明确"要做什么"，武汉有很多机遇，机不可失、时不再来。因此城市的基本骨架要尽早形成；武汉要尽可能建成综合交通枢纽，面向全国甚至服务世界；要建设智能城市；要进行绿色发展，保护生态；要引领以智能制造、绿色能源、数字服务为代表的产业革命等。

在这样的背景下，项目组坚定了基于一种更长远的价值观，武汉2049规划主要依托两条技术主线：一方面是如何让武汉在全球城市网络中更具竞争力，在建国百年之期成为一个有一定国际竞争力和影响力的强大武汉。追求竞争力和现代化是根植于武汉城市精神的基因，这部分的发展需要规划理清思路，明确目标。另一方面更重要的是，从更长远视角看武汉发展，如何用可持续发展的价值观来指导城市未来的发展与建设，不急功近利，不好大喜功，而是成为一个市民居住幸福的、美好的大武汉。武汉大江大湖的生态格局，在全球的特大城市中都有绝对优势，而武汉山水环境也使它具备魅力城市潜力，面向未来武汉如何实现城市基因的蝶变，充分彰显武汉的山水优势，兼顾竞争力和可持续发展。未来，这里将是一个绿色的城市，宜居的城市、包容的城市、高效的城市和活力的城市。

武汉2049远景发展战略：更具竞争力与更可持续发展

　　整个武汉2049远景发展战略报告共分为5个部分，11个章节。第一部分为趋势与机遇，对应第一章与第二章，重点分析武汉的国家战略地位演变，研判国家中长期发展趋势下武汉的战略机遇。第二部分为挑战与模式，对应第三章至第五章，重点分析中三角区域空间格局演变趋势及武汉区域关联网络地位，研判武汉经济发展阶段、产业结构演变及空间结构布局趋势，总结国际先进城市战略规划关注重点与我国城市发展转变方向。第三部分为目标与愿景，对应第六章，基于未来城市发展的硬实力与软实力两大线索，提出2049年武汉"成为更具竞争力更可持续发展的世界城市"的总目标，并进一步明确"创新中心、贸易中心、金融中心以及高端制造业中心"的核心功能。第四部分为战略与空间，对应第七章至第十一章，重点是基于目标与核心功能，提出绿色的城市、宜居的城市、包容的城市、高效的城市、活力的城市等五大战略举措，从生态、社区、交通、空间、功能、区域等多元视角谋划武汉

未来的核心策略与空间支撑。

城市目标与愿景：更具竞争力更可持续发展的世界城市。依据武汉的优势与发展机遇，结合武汉发展模式的选择，武汉2049的总体目标定位为建设更具竞争力更可持续发展的世界城市。具体的城市愿景描述为：一个拥有更多活力的城市空间，更加绿色低碳的生态环境，更加宜居的公民社区，更加包容的文化环境，更加高效的交通体系，并在创新、贸易、金融、高端制造方面拥有国际影响力与全国竞争力的世界城市。

现在回看武汉2049远景战略重点回答了城市在当时的发展阶段中面临的4个关键性问题：首先关于城市的区域地位，要识别和判断武汉作为中心城市在国家中部地区特别是中三角区域的地位以及未来的城市关联网络和区域格局。第二关于城市产业发展动力和模式，在工业化向后工业化转型发展的时期，武汉未来面临着再工业化模式和国家中心城市模式两种方向选择，远景战略需要从长远视角明确产业发展方向。第三关于武汉城市人的需求，可持续发展视角下，武汉要成为绿色的城市、包容的城市、活力的城市，具体表现在城市软环境的提升和举措的坚定。第四关于城市空间格局，武汉三镇分工明确，随着城市规模的不断扩大，长江作为天堑能不能被城市跨越，江南江北能否成为一体化城区，离散的中心如何链接和整合是奠定城市未来格局的重要选择。

区域地位："中三角五角地区"的提出

在快速发展的中国，区域化也逐渐成为组织经济活动、推动社会经济发展的主体形态，形成了珠三角、长三角、京津冀三大核心，以及已出现雏形的成渝城镇群和中三角城镇群引领的多层级的区域化格局。因此，对于城市的战略审视开始更加关注城市所处的区域格局以及城市在区域中的角色地位，采用兼顾全球性与区域性的分析视野。武汉是个和周边区域联系并不强的城市，未来如何看待武汉在中部地区的作用和地位需要从长远视角来研究和审视。

1.武汉与区域的联系强度

根据曼纽尔·卡斯特尔的网络社会理论，资本、信息、技术的流动构成了城市的流动空间，以此为基础的全球城市理论也阐述了城市在网络社会中的地位。根据GaWC175（全球城市研究小组）的生产性服务业企业的全球布局与相互关联度数据，可以判断武汉在全球网络中的地位。通过城市生产性服务业相互关联比较分析方法发现武汉与全球城市伦敦、纽约、东京以及亚太城市香港、孟买、新加坡等都有一定的联系。在国内结合总部–分支机构法进行分析，与武汉联系最为紧密的城市依次是上海（假设关联度为100）、北京（93）、深圳（67）、广州（52）、南京（20）等，武汉与长三角、珠三角、京津冀的联系也非常接近，也反映了武汉位于地理中心、九省通衢的地位，在国家中心体系中具有一定的影响力。

采取城市之间通讯联系的关联度分析方法，也可得出可以相互佐证的类似结论，武汉与国内距离1000km左右的城市联系最为密切。对外联系中，第一层级为广东，占总量的26%；第二层级为东部沿海地区，江、浙、沪占总量的22%；第三层级才是周边省份，湘、皖、赣、豫四省占总量的17%。而京津冀占总量7%，成渝占总量的6%。两种分析方法可以相互佐证，联系强度有差异的地方主要是与京津冀的联系，这可能与北京作为全国政治文化中心的特殊地位有关，从企业的总部分支机构视角来看联系较多，但从日常的通讯联系视角来看联系较少。

两种分析方法都反映武汉与国家中心城市之间联系较强，与武汉周边的区县也联系较强，但与中三角（包括湖北、湖南、江西）的一些城市如长沙、南昌等联系较弱。作为一个中长期的规划，如何看待中三角未来的发展趋势也是需要预测的问题。

2. 中三角发展趋势与"五角形地区"的提出

2008年金融危机以来，城市在融入全球网络的同时更加强调在区域内的分工与协作，通过区域化降低经济运行中的交易费用，增强城市与地区的竞争力。目前，武汉与中部地区的其他城市联系相对较弱，在区域中辐射带动作用有限，而中三角区域化则是武汉承担中部崛起及国家均衡战略中重要的一环。在中部地区，为何只提出中三角，而不包含中部地区的河南、安徽等省份，这一点根据前面阐述的总部–分支机构法显示，中部地区不同城市之间的功能联系有着明显差异。其中武汉与长沙关联最强，与南昌关联度是长沙的一半，而与郑州、合肥等城市关联

中部地区城市企业关联度表　　　表2-4

排序	城市	武汉	长沙	南昌
5	武汉	—	34	17
6	长沙	34	—	9
10	南昌	17	9	—
14	郑州	9	3	1
20	合肥	6	1	2

资料来源：中国城市规划设计研究院，《武汉2049远景发展战略》

最弱。合肥与长三角联系更为紧密，郑州则属于中原经济区，武汉、长沙、南昌之间经济关联度较强，反映出以武汉、长沙、南昌为核心构筑的"中三角"正在形成。

为了研究中三角的发展趋势，在中部三省范围内依据经济发展的不同程度划分出核心地区、潜力地区、外围地区三类地区。其中核心地区作为区域中心城市，首先要具备一定规模，因此选取2010年GDP大于1500亿元作为判断标准。潜力地区主要指现状具有一定规模的规模经济或者增长速度较快的地区。因此研究选取了2010年GDP＞300亿；或者2010年GDP＞100亿元，同时2005—2010年GDP占省内比重变化大于零（即发展速度超过全省平均水平）或二产增加值占省内比重变化大于零作为选择标准。这两类地区以外是外围地区。在现有"核心—潜力—外围"空间格局基础上，根据现状发展的趋势进行外推，模拟出不同发展阶段的区域空间格局特征。

依据"核心—潜力—外围"模型，我们可以得出一些结论。从当前发展情况来看，中三角还处于单核据点式发展阶段。武汉都市圈、长株潭城市群与昌九发展走廊表现突出，同时沿京广线、长江线、沪昆线地区成长较快。按照经济发展潜力模型的分析，中三角地区逐渐会从单核据点式走向廊道式，最后成为联系紧密的网络化地区。通过预测，在中三角地区将会形成一个地理邻近、经济联系紧密的中部"五角形地区"，该地区由武汉、岳阳、长沙、南昌、九江构成，成为长江中游的核心地区，未来将代表中部参与全球竞争。武汉作为区域网络中价值区段[①]最高的城市，应当承担中三角地区的国家中心城市职能。

产业发展：再工业化模式与国家中心城市模式的比较

1.工业化转型

中国城市发展动力在过去基本依托出口导向的工业化模式，然而在国际金融、经济危机的外部压力以及国内资源环境趋紧的约束条件下，中国已经步入了发展方式转型的十字路口。后危机时代中国将面临长期的外部需求萎缩，原有的出口导向模式难以为继，由生产大国向生产与消费双引擎并行的大国转型成为中国的必然选择（张建华，程文，2011）。与中国积极转型相反，美国则提出了

[①] 关于区域网络中的价值区段也可由总部-分支机构法，以及不同城市不同产业机构的分类，识别出城市在服务业与制造业方面的优势，以及在劳动密集型产业、技术密集型产业以及知识密集型产业中城市所处的价值区段。关于中三角不同城市的价值区段，参见唐子来有专门文章论述。

以恢复制造业竞争力为目标的"再工业化"发展策略，疫情加速了这种转型的趋势，加剧了中国制造业在国际市场中的竞争压力（章昌裕，2011），另一方面中国也要思考产业升级的未来方向与变动趋势。学术界也开始从工业化的模式与转型路径入手，探讨不同阶段的转型发展对于城市产生的深刻影响（顾朝林，2011）。

对于一个大国来说，应当选择工业化与服务业并重的双引擎模式，但是对于一个国家的诸多城市来说，还是有一个分工合作的问题，一个大城市是以工业化为主还是以服务业为主，是许多城市困惑的问题，其发展模式的选择对于快速发展的城市至关重要。随着国家从外向走向内需，从沿海走向内陆均衡发展（注：当时国家还没有提出双循环的战略，但这种趋势已经存在），中部许多特大城市进入新一轮快速工业化时期，从2005–2010年的工业总产值增速比较来看，武汉的工业总产值增速达到23%，虽然高于全国许多城市，但与合肥、长沙、南昌、郑州（增速分别为34%，34%，31%，27%）相比还是相对较慢。未来的武汉城市选择什么样的产业方向，是加速发展工业，还是选择发展服务业做强中心城市功能，对武汉而言是个挑战，目前也存在争议。

从国际大城市产业结构的演变过程可以发现，在经历了工业化阶段之后，工业化的中后期都会出现一段时期的二产和三产产业比重相互交织的阶段。这一时期产业发展路径的选择，既取决于城市自身的发展基础，也决定了未来城市发展的模式与方向。根据国内外城市的产业结构演变规律，笔者总结特大城市的产业结构变化通常呈现两大模式：再工业化模式和国家中心城市模式。

2.模式一：再工业化模式

对于一些中部地区城市，在经历了二三产的交织阶段后，由于并未完全完成工业化，城市本身的发展基础与区域要求需要有新一轮的再工业化进程，以实现制造业能级的提升。所以从产业结构上，交织期过后会出现二产比重的上升，三产比重的下降。在再工业化模式下，二三产比重都达到40%～50%，经历了10年左右的交织并行期后，产业结构开始出现明显的二产比重上升，三产比重下降的现象。郑德高（2011）在总结江苏、浙江两省的实证数据基础上，认为以二、三产业比重差额（基本为正值，局部时期可能为负值）来衡量其发展过程，可以发现呈现明显的"M形曲线"，而第二轮的工业产值比重明显升高的过程可以称之为"再工业化"过程。

　　实证研究显示，合肥、郑州等城市的产业结构演变都出现了再工业化这一过程。从合肥市1978年到2011年的产业结构变化来看，产业结构在2000年到2005年，经过约5年的二、三产业交织期。2004年，随着合肥"工业立市"口号的提出，出现了二产比重上升，三产比重下降的趋势，工业化再次加速发展。从郑州市历年的三产结构变化来看，经历了1999到2004年，约5年的二、三产交织期。2003年，郑州市的发展战略从原来单纯发展商贸城变为发展现代商贸和工业，使得第二产业再次获得发展，第三产业比重出现了下降的趋势。在中国当前的发展阶段，一些中心城市显然经历了第一轮的工业化，之后二三产业交织，现在又面临二产大幅超过三产，进入新一轮的再工业化阶段。

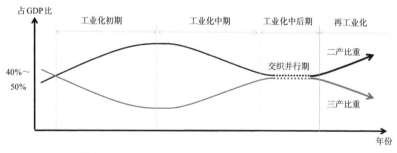

图2-1　再工业化模式产业结构发展示意

资料来源：中国城市规划设计研究院，《武汉2049远景发展战略》

3.模式二：国家中心城市模式

而另一类城市如上海、广州等国家中心城市，其城市在产业结构演变过程中也曾经经历过二三产交织并进的时期，时间大约持续5～10年，但交织过后，这些国家中心城市开始注重服务能级的提升，生产性服务业与高端服务业的发展成为城市发展的重点。从产业结构来看，国家中心城市在二三产交织期后三产比重快速上升，服务业成为经济增长的核心动力，笔者将这类城市工业化模式称为国家中心城市模式。在国家中心城市模式下，二三产在经历了10年左右的交织并行期后，产业结构开始出现以三产为主导的趋势。三产比重快速上升，二产比重开始下降，第三产业成为经济主导。

实证城市包括上海和广州。从上海市历年的三产结构变化来看，经历了1998年到2004年约6年的二、三产交织期。之后产业结构调整方向明确，三产比重不断上升，二产比重不断下降。从广州市历年的三产结构变化来看，经历了1987到1994年，约7年的二、三产交织期。之后注重金融保险、信息产业、房地产等产业的发展，三产比重不断上升，二产比重不断下降。

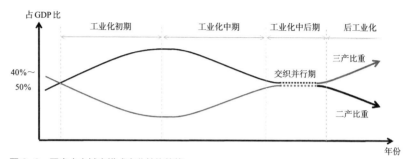

图 2-2 国家中心城市模式产业结构趋势

资料来源：中国城市规划设计研究院，《武汉2049远景发展战略》

4.武汉工业化模式选择：分阶段选择的国家中心城市模式

武汉产业结构演变经历了几个阶段。1955年以前工业化前期，二产比重低；1955年后，在国家重工业发展背景下，武汉二产快速发展，二产比重远超过三产；1998年开始，武汉的三产比重再次超过二产，成为服务经济发展的主导，产业结构进入工业化中后期；2011年后又开始出现交织，二产重新开始超过三产，武汉产业结构进入二、三产交织期。

结合武汉在区域网络中的价值区段和未来城市发展目标，武汉的产业选择未来应当朝向三产主导的国家中心城市模式。但这种模式的选择也应是分阶段的，结合武汉现在的发展阶段和结构特征，可判断出为达到国家中心城市的目标,产业结构会经历三个发展阶段。2020年之前,武汉仍将维持二、三产交织的产业结构,工业与服务业双轮驱动,这一阶段工业加速,服务强化;2020—2030年,三产抬头,超过二产,城市强力推进生产性服务业发展,一般性制造业应该向周边区域转移,协调发展;2030年以后,城市以服务业主导,核心服务职能提升,二、三产结构相对稳定,三产比重约在60%,以生产性服务业与区域消费服务业为主导,进入世界城市培育阶段。

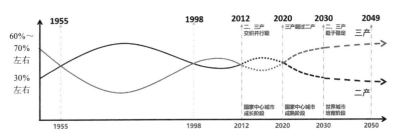

图2-3 武汉产业结构变化趋势模拟
资料来源:中国城市规划设计研究院,《武汉2049远景发展战略》

人民城市:可持续发展的多维目标

从可持续发展角度来看,武汉2049强调从经济增长向以关注"人"的生活方式为核心的多维目标转型,期望把传统外延扩张型规划向内涵提升型转变。在具体的研究中,武汉2049提出"绿色的城市""宜居的城市""包容的城市"理念，强化生活社区与工作社区概念，利用社区营造强化人的需求。同时把文化与绿色理念加入到生活和工作两个社区中融合发展。

1.战略目标一：绿色的城市

规划通过生态安全、生态底线、蓝绿网络与低碳发展4个方面来构建绿色的武汉。在生态安全方面，协调武汉城市圈的用地布局，依托长江及大别山、幕阜山脉重新优化区域生态空间，调整区域蓄滞洪区布局，控制长江洪涝威胁，实现生态化发展。在生态底线方面，通过研究生态敏感性和生态阻力来识别武汉的生态底线，制定生态底线保护措施，合理确定不同生态安全级别下的适宜发展规模，为城市空间扩展提供生态支撑。在蓝绿网络方面，规划构建"四横七纵"的蓝色生态网络和以郊野公园、城市生态公园、社区生态节点为基础的绿色生态网络。以建设多类型郊野公园为抓手，切实形成对生态资源的有效管理。在此基础上形成武汉市域蓝绿有序的生态安全网络。同时规划强调低碳建设，以碳强度减排为核心，以可再生能源为发展方向，实施多层次的智能电网系统，推进能源的终端管理。实施循环经济，降低制造业总碳排放量，推广绿色建筑，发展绿色交通。

2.战略目标二：宜居的城市

武汉也是一个宜居的城市，社区是创建高品质高效率宜居环境的基础，个人生活圈将是社区空间组织和服务设施配置的基本单元。规划将武汉未来社区划分为轨道交通站点覆盖和公交接驳支撑两类社区类型，共约700个社区，单个社区面积在10～20hm²左右。活力社区、绿色社区与和谐社区是武汉宜居城市建设的重要方向。规划建议形成社区—地区—城市三级活力中心，为市民提供便捷有效的服务。绿色社区倡导公园和湖面的高覆盖率，主城区居民步行10min可达公园或娱乐场地；步行交通占出行50%以上，自行车出行比例高于10%。同时，未来武汉社区应更加和谐、多元、包容，实现居民自治，鼓励社区参与，社区活动丰富、居民和谐相处。

— 武汉未来社区建设导向及举措 —

未来的社区所营造的价值观应鼓励人们更多参与到社区生活与工作中。社区的构建应适应人的需求和生活方式的变化，社区的发展应兼顾工作和居住生活功能，因此，未来的社区空间需综合考虑个人生活圈与工作圈。具体来说，基于人的活动视角，将形成以家、服务设施、交通节点组织为核心的"个人生活圈"和以环境、交通与服务设施组织为核心的"个人工作圈"。以个人生活圈与个人工作圈为出发点所构成的一定人群活动的一定范围内的空间构成城市社区。在这些城市社区中，有些是以生活为主，有些是以就业为主，有些两者融合，但本质上是要满足人的各种层次的需求。

武汉2049提出，用地与轨道交通站点进行衔接，构建理想的工作圈与生活圈，倡导轨道交通导向的地域开发模式。在这个社区模型中，轨道站点是核心，这里也是社区中心，结合生活圈与工作圈，把绿化、交通、服务配套系统融合到社区中心体系中去。

在城市社区构建中，规划合理的社区尺度应该为步行10～15min，即服务半径500～1000m左右，用地面积为100～400hm^2。参考武汉市城市总体规划，未来武汉主城区共可划分成700个社区。这些社区可分为两种类型，一类为轨道交通直接覆盖的社区，在轨道站点500m范围内，社区居民的生活圈与工作圈可

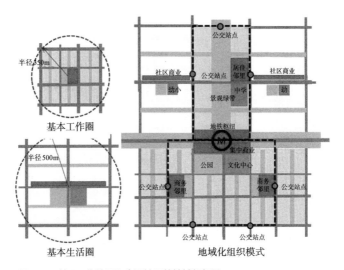

图2-4 基于工作社区和生活社区的地域组织图
资料来源：中国城市规划设计研究院，《武汉2049远景发展战略》

直接步行至轨道交通站；另一类为公交接驳支撑社区，
工作圈与生活圈需要便捷的公共交通体系进行接驳。

一武汉绿色社区建设导向及举措一

绿色社区是未来人们生活方式的重要组成部分，
绿色社区强调人与自然的和谐共生，这与未来的武汉
发展导向非常契合。未来的武汉是一座绿色的城市，
并且城市的公园绿地、河湖水系能被居民所感知，能
为居民提供优质、高可达性的绿色空间，尤其是环湖

地区能形成连续开敞的绿地。

规划主城区绝大部分居民步行10min可达公园或娱乐场地，骑行15min可见湖，这样的覆盖率达到90%以上。规划希望通过以下手段逐步实现这一目标：首先，应着力保护现状166座主城区内的湖泊，实行污水全收集、全处理，确保清水入湖。其次，新建大型城市公园，承担一定的生态和旅游观光职能，成为城市绿肺和吸引游客的场所。再次，适度增补街

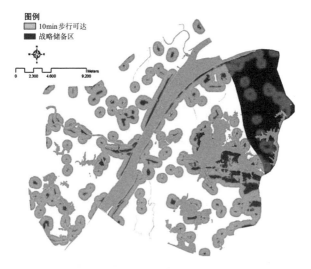

图2-5　现状主城区步行10min可达公园或娱乐场地（覆盖率57%）

资料来源：中国城市规划设计研究院，《武汉2049远景发展战略》

头绿地和社区公园，建成区通过旧城改造和城市更新建设街头公园，新建地区结合轨道交通站点和服务半径按标准建设社区公园。建设绿道增加城市慢行空间，绿道主要沿长江、汉江、东湖、沙湖、高教园区等形成连续的绿色场所。此外，武汉有大量的高等院校和中学，可通过向社会开放学校运动场地实现文体场地的共享。

图2-6　规划主城区步行10min可达公园或娱乐场地（覆盖率91%）
资料来源：中国城市规划设计研究院，《武汉2049远景发展战略》

3.战略目标三：包容的城市

文化是武汉建设世界城市的软实力体现，在精神层面武汉需要建设有认同感的文化价值观，包容的城市是武汉努力的方向，以国际眼光更新和改进武汉的文化形态和文化功能，建立起文化自信和本土文化认同。

在物质层面，武汉需要挖掘已有历史文化资源，通过历史街区（建筑群）的功能提升，彰显文化特色、促进国际交往；通过保护规划、专项再利用规划重点研究历史建筑所处地段的城市社会经济、文化生活，促进文化资源与城市功能的融合。在战略地区优化发展文化产业园，强化分工与协作，形成完整的文化产业链。还要加强城市文化设施建设，建设一批国际、国内领先水平的旗舰型文化设施项目，提升文化设施水平；要以全覆盖的基层文化设施满足居民日常需求，通过文化中心、街道及社区文化设施建设来保障市民参与文化活动的场所。在文化活动方面，武汉通过世界级大事件策划引领城市文化的发展。

空间链接：武汉三镇的中心链接

长远的空间格局是一个城市发展的基本框架，张之洞时期的规划奠定了武汉一城三镇、各有分工的城市格局。延续至今，武汉已经发展成为一个市域1200多万人，主城区600多万人口的特大城市，跨江大桥已经建成10座，规划至2035年再建14座。江南江北沟通日益密切，"武汉究竟是一个城市还是三个城市"是很多武汉人提出的困惑。面向未来武汉人口将会继续增长，需要整合各个板块功能和力量，更好地发挥一个城市的作用。本次战略提出组合城市，中心链接的概念，武汉三镇组合成一个主城区，通过轨道交通将原来分散的城市中心和功能板块进行快速链接。既传承武汉城市空间特色，又能整合功能形成一个开放弹性生长的空间方案。

武汉的空间结构要能支撑武汉建设世界城市的目标，要能适应武汉产业结构的调整，要能营造武汉的创新氛围，要能构建武汉的生态环境，要有匹配繁荣的高效交通系统，需要改变目前低效蔓延的城市空间状态，构筑完善的新功能体系。规划建议应形成一个突出核心职能的"主城区"，通过两江四岸功能集聚来打造武汉的城市核心，分别发展南北两翼打造双主中心；在主城区外通过"四个次区域"建设引领外围地区发展，让"临空次区域""临港次区域""光谷次区域""车都次区域"成为武汉4个经济增长极，带动内部产业提升和新城功能发展。

4.战略目标四：高效的城市

整合武汉较为分散的对外枢纽点（多个高铁站以及机场），是当前提升武汉区域地位的重要抓手。未来的武汉将是一个拥有高效交通的城市，依托优势重点实现3个目标。目标一，构建我国中部的国际交通枢纽。目标二，打造华中物流的运营枢纽与管理中心。目标三，形成一体化的大都市绿色交通体系。在规划目标的指导下，提出以下主要措施：第一，打造武汉铁路环形枢纽。利用京广高铁通道、沪汉蓉通道以及武荆铁路通道形成城市外围的铁路环线。此环线串联武汉未来的三大高铁站点（武汉站、汉口站、汉阳站）以及城际枢纽站点（流芳站），并且通过京广铁路的中央线通道，联系武昌火车站以及机场。规划的铁路环线由城市运营，将武汉分散的对外交通枢纽进行整合联系，完善武汉整体的对外枢纽体系。第二，打造武汉的城市轨道环线，将武汉三镇分散的重要城市中心进行串联，构筑城市中心联系轨道环。第三，建设武汉城市外围的货运绕行线，将城市边缘的产业园区、铁路货运站以及港区用货运铁路的方式联系。一方面减少货运铁路运输穿城，另一方面加强铁水联运支撑武汉物流枢纽地位的形成。第四，积极促进武汉公交改革，政府扮演管理的角色，而将经营更多交予市场。

总之，在国家与城市全面转型升级的关键时期，城市2049作为一种新类型的中长期的战略规划刚刚萌芽，显然它不同于传统的战略规划，更非传统扩张型战略规划的技术总集成，而是一种新类型的战略规划。这类规划从技术方法上强调趋势判断的重要性，其关键更在于方向正确而不在于数值准确。从规划理念上强调可持续发展，尊重人的精神需求以及与自然和谐共处，而不是经济的快速发展。同时把对城市综合竞争力的认识放在全球化与区域化的大网络中识别城市的位置与价值区段，而不是"就城市论城市"单一地规划城市发展目标。把城市的发展动力同工业化、再工业化与国家中心城市的模式关联起来，从而识别城市的发展动力与路径。总之，在规划编制方法

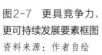
图2-7 更具竞争力、
更可持续发展要素框图
资料来源：作者自绘

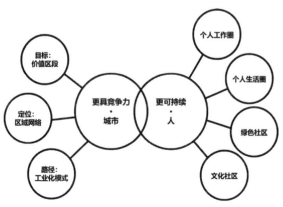

上强调竞争力与可持续发展两条主线，且推进两者耦合互动，将是中长期战略规划的主流方向。

回看与再思考

如今回看2012年的那版武汉2049远景战略项目，笔者对为期一年多的编制历程依然记忆犹新，调研时的感悟，公众参与的热情，各行各业专家院士为武汉出谋划策，市民互动讨论以及小学生"我的梦2049画展"，这些过程都在成果中得到凝聚。最终市委市政府组织了为期三天的全市大讨论，凝聚共识。后续过程中，在2049战略指导下，武汉市委颁布了《关于落实武汉2049远景发展战略的实施意见》，成为全市发展和管理的纲领性文件。基于2049提出的规划设想，武汉修编了轨道交通线网规划，落实轨道环线。出台并细化了《武汉市基本生态控制线条例》，明确不填湖、不占绿等刚性生态保护举措。启动了"绿道年""路网年""停车场年"等民生工程，建设各项文化大型设施。应该说2049远景战略诞生在武汉城市发展转型的关键性时间节点，城市在经济快速发展的同时，开始关注可持续发展。

2019年底爆发的一场疫情却直接暴露了武汉城市发展过程中依然重竞争力轻可持续的问题。2019年12月以来，由新型冠状病毒引起的急性呼吸道传染病（简称COVID-19）在武汉、全国乃至全球不断蔓延开来。武汉一度成为疫情风暴的中心，最高峰每日增长万例左右。为了控制疫情进一步蔓延，2020年1月23日，武汉市采取了史无前例的"封城"措施，关闭机场、火车站、高速公路等离汉通道。作为一个千万级人口的大城市，"封城"对于武汉经济、社会、民生等造成了极大挑战，"封城"后出现的医疗资源挤兑现象以及火神山医院的选址讨论，也反映了现有的城市规划体系在应对突发公共卫生事件时，在应急保障、物流运输、城市用地及社区规划等方面的不足。在此背景下，重新回看武汉2049战略存在3个方面的遗憾。

可持续发展关注度依然不足

武汉2049虽然将"更可持续发展"与"更具竞争力"作为并行的两条线索之一，也提出了可持续发展的系列策略支撑，但整体关注度依然偏弱。彼时正值武汉城市转型及建设国家中心城市的关键时期，武汉2049编制后，武汉城市发展和建设更多地关注"竞争力"这条线索，并在硬件设施与经济发展水平方面体现了很好的成效。然而，对于"更可持续发展"线索的关注严重不够，缺乏实质性的推进。一方面，公共卫生设施体系与基层设施存在短板，面对疫情暴发捉襟见肘。由于长期重医轻防，公共卫生设施重视程度不够，导致公共卫生设施体系建设相对滞后，尤其区级疾控中心未达到国家建设标准，部分新城区、开发区急救中心建设为空白。另一方面，应急性生命线系统韧性不足。对外主通道、公共交通的分区分级管控不足，交通应急预案不够完备，物流分拨体系和空间布局不尽合理，导致一定程度上非应急救援民生物资输运集散通道不畅、物流效率降低。同时，全市规划布局的6个应急水源地建设相对滞后，主城区范围供电设施近3年平均超载率达26%，电力供应保障能力存在较大缺口。

社区治理关注度不足

此次疫情，武汉社区管控不力被广为诟病，暴露了武汉社区治理的诸多不足。首先，武汉主城区的社区单元划分过大，社区平均规模在7000~9000人，而上海主城区平均规模是3500~5000人，这就增加了应急物资的社区配给难度与精细化管理难度。其次，武汉社区配套标准有点低，按相关文件要求，武汉700人左右对应一个专职社工，实际运作过程中也有万人社区只有10个工作人员的状况，而上海平均每480人对应一个正式编制的社工。再次，社区公共空间环境卫生仍然有待加强，部分街道、市场环境卫生脏乱差，污水处理和环保等基础设施服务水平不足、品质不高，易于滋生细菌病毒，诱发公共卫生事件，如华南海鲜市场成为引爆武汉此次疫情的主要空间载体。此外，社区信息化建设不足，对紧急事件的迅速反应仍有欠缺，紧急应对工作效率亟待提高。

区域上的产业链协同不足

疫情带来经济"失血性休克"冲击，武汉产业链供应链受到重要影响，产业结构与营商环境优化面临挑战。尤其产业链条长、全球性布局的产业更容易受到较大冲击，包括汽车整车制造及零部件产业、机械制造行业、消费电子行业等，如何依托区域构建完善的产业链条，成为武汉新一轮发展中应思考的核心问题。同时，随着疫情的全球性蔓延，西方国家开始重新审视高度依赖"中国制造"的问题，这将加速供应链转移以及"国产替代"；为巩固中国在全球产业生态中的话语权，区域内产业集群化发展将是应对全球产业链重构的重要方式。在此趋势下，全球关键产业链将越来越多地集中到成熟型的都市圈、城市群地区，这也与国家区域发展战略相契合。面向未来，武汉也应立足中三角区域，推动武汉城市圈抱团发展，找到城市发展的朋友圈，建构更具韧性、更强大的区域性产业体系。

武汉未来发展的再思考

如今，武汉疫情已定格在历史中，但疫情给武汉留下的创伤与阴影在短时间内难以消除。疫情事件对武汉而言既是不幸的大事件，也是借此转型发展的重要契机，武汉需要痛定思痛，反思既有的发展路径，不再强调过分的竞争力提升，而是转向安全、韧性、健康等更为多元的发展维度。

一方面，应建设更有吸引力的武汉。武汉应围绕"经济重振"，多措并举、全面发力。一是要继续发挥武汉的战略地位，以及超大城市在区域经济恢复中的引领作用，强化经济要素的区域配置能力。二是要在从对外出口向内需的转变中，把握机遇，实现产业链的全面恢复，通过经济稳步发展实现稳定人心的目标。三是要充分把握内生机遇、关注创新驱动，充分发挥既有高校、人才、创新企业的良好优势，强化既有产业的技术引领能力，加强新兴产业的培育，打造具有活力的创新集群，具有国际竞争力的先进制造中心，建设一个繁荣创新的城市。

另一方面，应建设更加健康的武汉。重点围绕"健康重塑、社区重治、智慧重树"的策略，全面实现城市厚度和形象的提升。首先，要时刻牢记武汉人民身心遭受的巨大伤害，将健康作为重中之重，通过加强硬件实力、提升软件保障，重塑城市形象，向世界展示武汉的信心与决心。二是要依靠制度优化与科技支撑，全面加强社区精细化治理能力。加大政府对社区的投入，改善社区的公共服务设施配置，提升社会组织的有效参与，形成具有示范效应的社区治理模式。三是要网络化布局信息基础设施，以应用为导向优化智慧城市管理和服务。完成疫情大数据分析系统建设，主动推进新型基础设施网络的全域覆盖，加强智慧城市的运营与应用，最终实现城市管理的人性化、科学化和长效化。

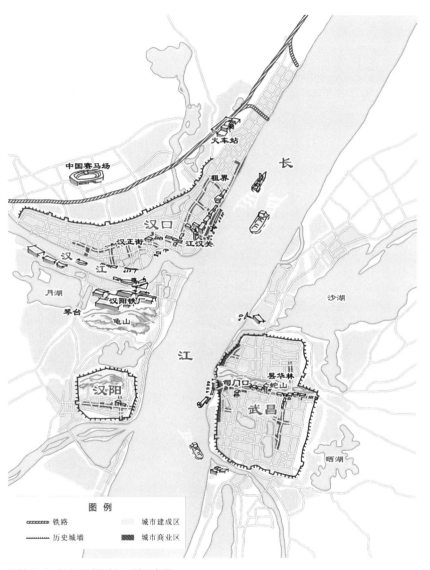

中国赛马场

火车站

租界

长

汉口

汉正街

江汉关

汉 江

月湖

汉阳铁厂

琴台

龟山

沙湖

汉阳

江

司门口

昙华林

蛇山

武昌

晒湖

图 例

〰〰〰 铁路　　　　 城市建成区

‥‥‥‥ 历史城墙　　 城市商业区

彩图 2-1　张之洞时期武汉三镇示意图

　　资料来源：秦诗文绘

武汉-洪湖城际

武汉-麻城城际

孝感-武汉-鄂州城际

武汉-孝感城际

孝感-武汉-黄冈城际

武汉天河国际机场

武汉-天门城际

汉口站　武汉

武汉站

汉阳站

城市轨道环线

东湖

武汉-潜江城际

武昌站

流芳站

长

汤逊湖

武汉-鄂州、黄石、黄冈城际

墨子湖

武汉-咸宁城际

图 例

交通枢纽

轨道交通环线

轨道交通节点

轨道交通

道路

铁路

彩图 2-2　武汉城市客运骨干网络示意图

资料来源：李国维，据《武汉 2049 远景发展战略》绘

第 3 章
CHAPTER 3

上海：
从关键性节点到卓越的全球城市

追求更美好的城市

武汉 / 上海 / 杭州 / 大连 / 天津 / 十堰

上海并没有编制完整一版的战略规划，改革开放以来最有影响的两版城市总体规划，分别是1999版和2017版总体规划。每一版城市总体规划确定了当时上海最主要的空间发展战略方向，比如1999版总体定位建设"四个中心"，即经济中心、金融中心、航运中心、贸易中心，在空间上，重点强调"1966"城镇体系的建设，9个新城中，嘉定、青浦等大部分新城都是依托原有的县城来建设的，只有临港新城建设某种程度上是在"一张白纸上描绘的蓝图"。这是一种典型的城市空间发展战略思想，通过建设一个全新的"增长极"来吸引新的产业与人口。这种超越现有行政区的框架与安排，在新的空间上通过特殊的制度设计来促进增长的模式经常被誉为典型的"城市发展战略"逻辑。

上海最新的城市总体规划（2017–2035年），总体定位为卓越的全球城市，建设"生态之城、创新之城、人文之城"，空间上强调"用地零增长"，因此城市建设转向存量建设，将原来紧贴中心城区的郊区按照"主城区"来规划建设，按照卓越的全球城市目标建设城市和城市区域。

从1999年至2017年将近20年的时间内，上海没有编制新的全市层面的空间规划，在过去快速城镇化与工业化的过程中，大部分城市几乎是5～10年就编制新一轮的城市总体规划，很多城市是"规划结束之时就是新的规划编制之时"，也因此对城市总体规划的审批时间长，编制时间长有很多的批评，修改规划过于频繁是导致2015年的空间规划改革的原因之一，而改革的核心是实行多规合一。但是上海早在2008年就将规划和国土进行合并，也并没有频繁编制总体规划，大部分是通过微调，通过塑造"关键性节点"来营造"竞争性空间"以适应市场的变化。"关键性节点"和"竞争性空间"是作者对上海在适应规划的变与不变，刚性与弹性之间寻找合适的发展路径的一种认识。

"关键性节点"是笔者2007年编制"上海虹桥枢纽系列规划"中对上海空间发展的一种认识，"竞争性空间"是借鉴《新国家空间》作者对国家尺度的一些战略空间的提法，把这个概念用在城市也感觉非常恰当，对于这两个概念笔者将在后文中详细介绍。

总之，上海并没有编制完整一版战略规划，而是在两版总体规划之间通过适当的"规划修补"和"关键性节点"的重塑来完善规划工作，修补的对象是根据时代发展的变化来识别的一些"关键性节点"，本书主要从"关键性节点"入手，来阐述上海空间发展战略的演变，以及不同时期的规划重点。为了讲述方便以及展现笔者的参与程度，下文将按照时间轴和典型案例来讲述上海空间结构演变。具体表现为以下四个阶段：

1999，上海城市总体规划（1999–2020年）；

2006，上海虹桥枢纽地区规划；

2018，上海城市总体规划（2017–2035年）；

2020，长三角生态绿色示范区国土空间规划。

1999版上海总体规划的简要回顾

20世纪90年代后期，随着改革开放的深化和中国国际地位的提升，在浦东开发的大背景下，上海国际地位不断提升。为适应新的建设发展需求，1999年上海市政府组织编制了上海第五版的城市总体规划，即《上海市城市总体规划（1999年–2020年）》。

确定了"四个中心"的定位

1999版《上海市城市总体规划》提出：上海是我国的直辖市之一，全国重要的经济中心。把上海建设成为经济繁荣、社会文明、环境优美的国际大都市，国际经济、金融、贸易、航运中心之一。总体看来，这版城市总体规划目标定位的内涵有效契合了当时的历史背景，既充分体现并引领了国家的战略方向，又通过突出"四个中心"的建设充分体现了国家战略"以经济建设为中心"的核心导向。

围绕国际经济中心建设，规划提出合理安排城市的空间布局、生产力布局、人口分布及基础设施建设，和长三角地区城市共同构筑经济发达的城市群，并通过城镇体系的构建支撑经济中心建设的功能空间。这一时期上海经济发展规模优势突出，经济总量稳居全国第一。围绕国际金融中心建设，规划提出了多层次多维度的金融战略空间，初期谋划以浦东小陆家嘴和浦西外滩构成的中央商务区作为金融核心区，后续建设陆家嘴金融贸易区，并依托自贸试验区临港新片区建设金融科技创新试验港，同时在杨浦滨江、北外滩、徐汇滨江等地区谋划建设金融科技示范区。国际金融中心成长迅速，证券市场交易额居全球第二位。围绕贸易中心建设，规划提出谋划虹桥经济技术开发区为涉外贸易中心，发展对外贸易和国际商务。之后上海出台了《上海市推进国际贸易中心建设条例》《上海国际贸易中心建设"十三五"规划》等文件，积极拓展国际贸易的发展空间。2013年设立上海自由贸易试验区，整合了外高桥保税区、外高桥保税物流园区、洋山保税港区、上海浦东机场综合保税区、金桥出口加工区、张江高科技园区和陆家嘴金融贸易区等区域，全面融入全球贸易体系。围绕航运中心，建设以上海港为核心的深水港区，打造以浦东国际机场为主、虹桥国际机场为辅的组合型国际航空枢纽，形成亚太地区航空枢纽和国际航运中心。上海的航运中心建设成就斐然，在2019年的新华-波罗的海国际航运中心指数中排名全球第4。值得借鉴的是，上海四个中心的建设有着明确的空间指向，有着很好的操作性和实施导向，许多城市规划容易出现功能定位与空间落实之间缺乏强关联，经济发展规划与空间规划脱节的问题，操作和规划就很不容易实现，只能是墙上挂挂的规划和喊一喊的口号。

构建"1966"的城市体系，确定了临港新城

在建设现代化国际大都市的目标定位下，为合理配置资源，促进城乡均衡发展，本版规划提出构建由"中心城－新城－中心镇－集镇"四级城镇中心组成的城镇体系，包括1个中心城、11个新城、22个中心镇以及80个集镇。

2005年上海市制定了"十一五"规划，提出建设"1966"城镇体系，即1个中心城，9个新城，60个左右的新市镇，以及600个左右中心村，这一规划确立了临港新城为9个新城之一，并以建设成为服务功能完善、人口集聚功能较强的现代化综合性城市为目标，建设产业基地、开发区等经济平台以及高速公路、轨道交通等重大基础设施。这为后续新版的上海城市总体规划提供了指导依据，也为上海临港自贸区的建设奠定了基础。

中心城市的"双增双减"，保留开放空间和绿化

在该版城市总体规划的空间布局指引下，上海市委市政府提出了中心城区要"增加公共绿地、公共活动空间，降低建筑容量，控制高层建筑"（即"双增双减"）的要求，并通过修订《上海市城市规划条例》强化"双增双减"的法律效力。这一指导理念成功保留了中心城区的开放空间和绿地，有效改善了生态环境和人居质量。值得说明的是，时至今日对于中心城区的"双增双减"仍在延续，这一措施在统筹兼顾人口规模、建设总量、功能提升以及市政道路、生态环境容量等要求的同时，推动着中心城区的可持续发展。

关键性节点"大虹桥地区"规划的启示

2006年，为迎接上海2010世博会，上海启动虹桥枢纽以及虹桥枢纽周边地区的规划建设。虹桥地区的规划对中规院来说意义重大，正是因为虹桥枢纽规划的编制，中规院开始筹备设立上海分院，并在之后的十多年中不断发展壮大。在2019年左右，中规院又负责编制了大虹桥的新一轮规划。总体而言，2006年这版虹桥规划建设最重要的是以下几点体会：

机场与高铁联系在一起，形成了面向长三角的"交通节点"

借用京沪高铁建设的契机，上海虹桥枢纽在国内首次将高铁和机场联系在一起。当时预测2020年，京沪高铁年发送量为1.2～1.4亿人次（双向），虹桥机场客运规模为年吞吐量4000万人次。根据最新的统计，2019年虹桥客运吞吐量为4567万人次，统计的2019年虹桥火车站年到发客流达到1.3亿人次，火车站和机场的客流均超过了当时的预期。如何面对这样一个复杂的交通枢纽，是一个重要的课题。

机场与高铁联系在一起，相当于相互强化了各自的功能，本来高铁网络与机场网络是两个网络，当两个网络通过虹桥枢纽联系在一起，则形成了超级链接中的一个超级

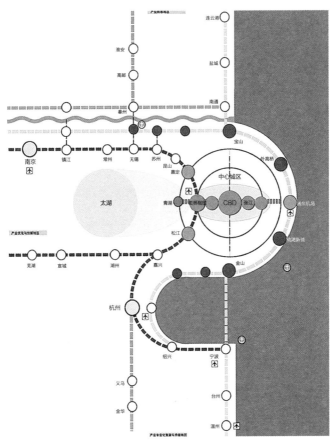

图3-1 上海-虹桥两个扇面
资料来源：作者自绘

节点，其节点价值则呈现指数增长。假设你从西南的昆明飞南京，由于这两个城市之间的直飞航班少，而昆明与上海虹桥的航班更多，你有可能选择飞到上海，然后转高铁去南京，这就是节点价值的放大效应。目前很多城市也意识到高铁与机场链接的好处，杭州、武汉、青岛等城市也都计划把机场与高铁联系在一起。

借鉴空港都市区理论，将该地区定位为"面向长三角的商务地区"

笔者是在中国较早引用空港经济圈理论的，在2007年编制虹桥地区规划时，发现全世界把高铁与机场链接起来的不多，比较有名的是荷兰史蒂夫机场、慕尼黑机场等，理论上的研究更少，比较权威的是北卡罗来纳大学的约翰·卡萨达（John D. Kasarda）教授提出的空港都市区（aerotropolis）概念，其核心理念是随着机场的发展，尤其是商务客流的增加，围绕机场周边会产生一些产业的集聚，并由此形成一些产业园区，包括商务园区、物流园区、产业园区等。这些园区一般集聚在机场周边20km范围以内，由此形成空港都市区概念。

在实践领域，许多机场都借鉴这个理论建设空港都市区，比如香港新机场的天空之城（skycity），包含了物流园区、商务园区、娱乐和展览园区这3个园区。韩国仁川机场围绕机场周边地区规划总面积约18km^{2}的"翼之城"，主要包含了国际商务功能，产业与后勤服务功能、旅游休闲功能等。

空港经济区做得比较好的还有荷兰的史蒂夫机场，史蒂夫机场航空经济区规划按两个空间层次进行，把机场内部打造成城市的另一个中心，在机场外部形成各种商务园区。在机场内部打造"机场城市中心"概念，旅客利用在机场停留的时间可以像逛城市中心一样逛机场，机场中心的一个关键理念是在机场买东西的价格要与在城市中心的价格一致。我们过去很多机场利用垄断的区位，价格奇高，机场经常出现"天价面"等情况，显然是一种比较低维度的商业逻辑。杭州西湖是较早不收门票的景区，而是营造更好的商业氛围来考虑整体获益，实现帕累托改进和最优。机场地区的商业不是靠垄断地位而出现高价格，而是依靠打造成类似城市中心的氛围和价格来营造更好的环境，这是现在建设空港经济区比较流行的做法。利用大量的机场客流形成的规模效应来发展商务商业的机会，是现在城市规划和建设的一个新趋势。

空港经济区（或高铁新城）开发都是希望通过交通客流带动城市的发展。在理论层面，交通客流与城市功能的发展有个"橄榄型"模型，横轴为交通流量，纵轴为城市功能的开发量，其核心理念是客流与城市功能平衡发展，所谓平衡就是有多少客流量匹配多少开发量的城市功能，两者的耦合关系如果落在"橄榄型"模型的边界以内，就算是处于平衡发展的状态。很多城市在高铁站点周边开发中很不注重这种平衡发展，大部分交通客流没有多少，但是城市开发量过多，造成高铁新城的所谓"空城"现象。

虹桥地区在开发之初很注重交通量与城市功能的平衡发展，提出虹桥核心区的开发范围约 $13km^2$，层高控制在 $45m$ 以下，商办开发量控制在 470 万 m^2。但是随着虹桥枢纽地区开发的"名气"越来越大，周边的商务办公、会展等城市功能也越来越多，如何平衡发展也成为难题。

虹桥枢纽地区借鉴空港经济区理论，定位在"面向长三角的商务中心"（图 3-2），目前虹桥商务区也纳入了《长江三角洲区域一体化发展规划纲要》的国家发展战略，其中虹桥商务区是促进长三角一体化发展的关键性节点。

随着虹桥商务区的不断发展，对虹桥商务区未来发展定位讨论也越来越多，虹桥不仅仅是"面向长三角的商

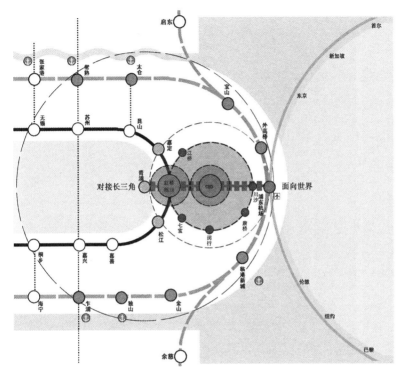

图3-2 上海市域东西两翼
资料来源：作者自绘

务地区"，其功能业态、空间组织模式也应有其新的特点，
笔者曾经提出应将虹桥商务区定位为"第三代CBD"。所
谓第三代CBD是一种按照时间、功能与城市形态，以及
区位不同而定义的综合办公区模式。例如上海第一代主要
集中在南京西路，类似于伦敦中心城的金融城；第二代
是在浦东新区陆家嘴，类似于伦敦的金丝雀码头（Canary

Wharf）金融中心；在新时代，伦敦也在借助于后奥运时代的遗产建设斯特拉特福市新的城市中心。而虹桥借助于交通枢纽的优势，应该建设成为既是服务带动长三角的中心，也是面向新经济的第三代CBD，其功能业态、区位，空间形态，建筑高度与密度也会区别于前两代，更强调新经济的植入、功能的混合、文化体育休闲的融入，城市形态不追求高层，而追求绿色低碳的价值观等。

成立虹桥管委会，形成"竞争性空间"独特的管理模式

上海虹桥之后，很多地区借鉴虹桥模式，建设高铁新城、空港新城，但成功者寥寥。其中有个重要原因是其建设的体制机制的差异，值得研究。英国新城建设应该是比较早期开始探索的案例，为了建设新城，英国在国家层面成立新城发展公司来运作，英国政府认为新城是一个有长远影响和独特意义的工作，开发初期不是由私人企业运作，因此这些新城发展公司有土地收储与开发的权利，当然新城发展公司的资金主要来源于中央政府，之后这种模式广泛应用于英国一些重点地区的开发，包括金丝雀码头和伦敦奥林匹克公园的建设。

新城公司一般经营10～20年，主要也是负责地块的

一级开发权和部分的二级开发权，有时为了加快工程的进程，大部分也有一定权限的规划权。虹桥在开发初期也是采取类似的模式，一是成立虹桥管委会，负责行政职能，同时成立申虹公司，负责土地的一级开发。其主要负责的范围大约为 $26km^2$（包含机场部分），实际土地运作的范围大约 $13km^2$。而这 $13km^2$ 是虹桥单元的核心，主要承载商务办公、商业服务等功能。

如何认识一些重点战略地区，与一般地区有什么区别，尼尔·博任纳（Neil Brenner）在其所著的《新国家空间》中认为，政府对城市空间的认识有两种，一种是在本行政区范围之内需要发展的空间，这基本上可以认为是本行政区政府应该重点完成的事情。还有一种是要跨行政区域，由多个行政主体构成的空间，这类空间一般为上一级政府的战略空间，也是一种一定阶段政府需要重点发展的"竞争性空间"。竞争性空间就需要政府加快建设的步伐，通常也会超越一般的行政程序，通常会成立开发公司，给予一定程度的行政放权（包括规划权），减少社会事务的责任等方面。各个国家和各级政府通常在职权范围内都会有不同级别和不同模式的竞争性空间，同时又形成竞争性空间的体制机制，包括成立一级开发公司负责土地的一级

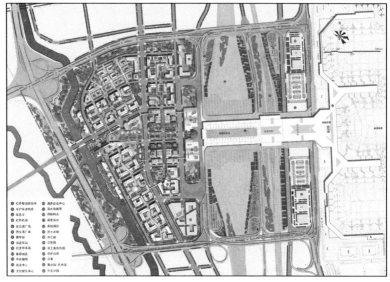

图3-3 虹桥枢纽核心区平面图
资料来源：中国城市规划设计研究院，《虹桥枢纽核心区城市设计》

开发等。

虹桥地区是上海发展的战略性竞争性空间，开发之初需要管委会加公司的模式来运作，重点聚焦在13km²的开发。中心区开发成熟之后，逐渐辐射到周边地区，但是周边地区的开发模式逐渐回归到正常行政程序的开发方式，即相衔接的各区政府按照正常的开发模式进行，包括青浦区的西虹桥，闵行区的南虹桥等。

现在各地很多临空经济区、高铁新城开发缺乏对新城的体制机制配套，更多的是空有临空经济区的"帽子"，缺乏对政府与市场联动的体制机制的认识，以及对融资模式、成本收益的分析，把高铁新城等演化为追求短期收益和依赖"土地财政"的新城建设模式，造成"鬼城""空城"现象，这值得总结和反思，关键性节点的建设既是重点也是一个长期建设的行为，不能用短期思维建设战略重点地区。

功能逐渐外溢，形成"大虹桥"地区

早在2007年，上海市委、市政府就做出建设虹桥商务区的战略决策，但城市功能的培育与建设却是在2013年以后（图3-4）。随着核心区的启动建设，虹桥地区开始导入城市功能，逐步形成国际500强企业和长三角企业总部集聚的商务功能，同时配套的住宅、公共服务设施相继投入使用，也带来了就业和常住人口的迅速导入。在这一时期，由于城市功能尚在培育，交通功能也未完善，两者的矛盾尚未真正显现。值得注意的是这一时期，中华人民共和国商务部提出在虹桥建设一处国家会展中心，该选址曾引发较大争议，因为交通承载支撑能力的问题，此时区域功能和城市及交通功能的矛盾初现端倪。但长远来看，随着2018年进博会的召开，我们看到会展中心对虹桥枢

纽地区发展的影响更多是利大于弊。

　　2018年中国国际进口博览会的召开对虹桥枢纽地区发展是一个标志性节点。打造虹桥国际开放枢纽，进一步增强服务长三角、连通国际的枢纽功能，成为实施长三角一体化发展国家战略的重要举措。虹桥地区的区域功能发展迅速，在国际和区域性企业总部进一步集聚的同时，衍生了长三角国际贸易展示中心、长三角电商中心等一系列区域功能平台，与此同时虹桥也建设了以新虹桥国际医学中心为代表的服务区域的公共服务设施。区域的商务功能、功能平台、公共设施的集聚，极大提升了虹桥枢纽地区的区域辐射功能，但这些区域功能与已经较为成熟的交通、城市功能交织时，矛盾就开始日益凸显。

图3-4　上海虹桥商务区效果图
资料来源：中国城市规划设计研究院，《虹桥枢纽核心区城市设计》

第一，内部交通与区域和城市功能不平衡，面向区域一体化的交通组织方式应对不足。随着区域功能和城市功能的增长，与交通的矛盾亦不容忽视，矛盾的焦点与爆发必然集中在虹桥枢纽内部。虹桥枢纽设计的交通量为110万人次/日，但2018年枢纽交通量已经达到113万人次/日，超过设计容量，核心原因在于虹桥枢纽地区整体的交通设施供给不足，日常就业生活交通、会展集散交通等本地交通过度依赖虹桥枢纽，导致枢纽的城市集散交通量超过设计规模。未来的虹桥枢纽需要完善多模式的轨道交通支撑，虹桥枢纽集散压力过大，主要原因在于轨道交通2、10、17号线的换乘点都集中在虹桥枢纽内部，只有完善周边的多模式轨道交通支撑，形成多层次的交通集散枢纽分摊对外交通枢纽压力，才能解决这一问题。因此新一轮规划提出全面提升虹桥地区轨道交通服务水平，在现有轨交网基础上，预留与市级重要功能区的轨交联系廊道。同时规划5条中运量线路作为补充，串联轨道交通站点和各功能片区，实现内部公共中心15min可达，外部市级重要功能区30min可达。在轨交网基础上构建次级交通集散中心，分摊虹桥枢纽本身压力。

第二，区域与城市功能不平衡，面向区域的辐射功能体系不完善。虹桥枢纽周边地区近5年来已出让土地建设商务办公建筑总量超过700万 m^2，接近规划商务总量的60%，城市功能发展以商务办公为主。土地出让过快带来对重大区域功能性项目落地的空间支撑准备不足，且未来功能调整也较为困难。尤其会展中心周边，随着进博会入驻，衍生了一批相关产业，同时在服务配套上也提出新的要求，但周边发展空间缺乏的问题较严重。城市功能与区域功能在发展空间诉求上的冲突成为现实。缺少新的空间支撑，虹桥周边的区域功能发展受到限制，对真正发挥辐射服务长三角的作用十分不利。另一方面，虹桥出现了一种特殊的"飞地经济"现象，据不完全统计，长三角约有十余个城市在虹桥购买了楼宇物业，但其承担的功能能级较低，多为城市自身的招商平台，占用了虹桥有限的空间资源，未能充分体现虹桥的区域功能辐射性。

枢纽地区的功能发展受到交通承载力的影响，有一定容量限制。对于虹桥枢纽地区来说，再加上机场的影响，开发总量规模的限制更为严格。因此如何适应区域和城市新功能的发展，把控质量、提升效率和弹性应对成为关键。根据功能质量要求，制定虹桥功能发展的两类清单，即做精核心功能的正面清单和禁入低端功能的负面清单。

正面清单中鼓励进一步强化虹桥的区域功能能级，包括商务决策、贸易会展、创新和公共服务等。建设高水平对外开放的会展贸易门户，鼓励引进高层次海外投资、专业服务、数字贸易等新兴贸易平台和国际交往平台。做强高端商务功能，提升企业入驻标准，发展总部经济。加强创新培育，强化虹桥的创新服务职能，建设虹桥创新中心。完善区域公共服务，加快集聚以服务长三角为目标的医疗、文化、体育、教育等高能级公共服务设施。负面清单中严格限制低端附加值、交通流量大的工业类、一般物流类项目准入，同时通过控制住宅总量，严格控制周边房地产市场的无序发展。区域性功能往往随着国家和长三角发展战略要求而变化，具有较大的不确定性，因此在规划中提出在虹桥地区划定一定规模的备用地，作为未来区域功能的承载空间，使得弹性应对成为可能。同时针对会展中心周边的配套功能需求，研究通过更新机制完善服务，支撑区域功能进一步发展。

第三，城市功能内部不平衡，面向区域人群需求的品质空间供给不足。近年来虹桥的城市功能培育主要集中在以商务商业为主的产业功能上，而住房、公共设施、公共空间等城市配套功能的供给严重不足。目前虹桥枢纽地区已经集聚 45 万的常住人口，但就业人群中仅 15% 在本地居住，职住分离问题较为突出。公共服务方面，呈现以核心区为主的单一公共活动中心，缺少为本地服务的地区中心和社区中心。文化、教育、体育等公共服务设施以区级设施为主，缺乏高等级设施。绿地公园体系不健全，人均公园绿地仅 7m²。虹桥的城市服务功能，不仅要满足常住人口需求，同时还要响应未来约 70～75 万的就业人群、日均 8～10 万的会展人群及大量来自区域的枢纽通勤人群需求，因此在规划和建设上必须提出更高的标准要求。

未来的大虹桥需要营造高品质的空间场所。体现生态塑底，缝合城市空间的理念。对于原先分割城市的交通和生态廊道，此次规划提出通过铁路、快速路等地下化，在地面建设高品质的城市公园，强化生态空间与城市空间的融合，将分割的空间链接一体，形成一体化的枢纽地区空间结构。强化功能复合，提升城市品质。规划提出构建片区–组团多层次、功能复合的空间组织模式，促进居住、就业、公共服务等不同功能的用地相融合以及用地内部垂直方向的功能混合，营造富有活力的城市氛围。加大租赁性住房提供，优化职住关系，减少城市通勤交通。增加高水平大学、高等级文化、体育、医疗设施，落实 15min 社

图3-5　上海虹桥总平面图

资料来源：中国城市规划设计研究院，《上海市虹桥主城片区单元规划》

区生活圈理念，完善公共服务设施。提高路网密度，倡导
绿色出行，建设立体化的慢行交通系统，营造绿色低碳、
国际一流的慢行出行环境。

第四，虹桥枢纽地区自身受到机场和行政区划的挑

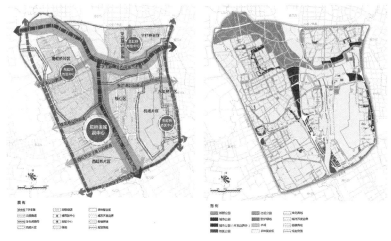

图3-6 虹桥枢纽地区空间结构和开放空间规划图
资料来源:中国城市规划设计研究院,《上海市虹桥主城片区单元规划》

战。虹桥枢纽地区与其他枢纽地区的不同在于,一是由于
虹桥机场带来的噪声和建筑高度控制要求,总的开发容量
是有所限制的,同时噪声影响范围的项目准入也有相关约
束条件;二是虹桥枢纽地区分属长宁、闵行、青浦和嘉
定4个行政区,属于区区交接的边缘地区,因此在空间上
存在严重的分割,道路交通、开放空间割裂,建设标准不
统一,这使得虹桥地区发展面临更大的挑战。

　　针对枢纽地区多行政主体的特点,规划制定涵盖规划
设计、开发建设、管理运营全过程的"虹桥标准",提高
一体化开发建设水平,成为长三角城市高质量发展和高品

质生活的先行示范。"虹桥标准"重点对轨道交通建设水平和道路网密度、符合人群特征的服务配套标准和租赁房配建要求、用地的混合度和复合度以及地下空间开发、建筑控高、风貌色彩等内容进行了研究，并提出较上海中心城区更高的标准要求。同时针对虹桥枢纽地区规划建设、运营管理多主体的特征，提出进一步完善协调统一的规划编制和开发建设机制。

探讨上海"边缘城市"发展模式，建设更加"多中心"的空间结构

1999版城市总体规划明确的中心城区加新城主导的结构。国务院批复的《上海市城市总体规划（1999–2020年）》原规划有11个新城，后来上海经过几年的不断研究和论证，最终确定规划建设9个新城。而快速生长的上海虹桥枢纽地区并非在这版总体规划的重点发展区域，这一地区属于典型的特大城市的"边缘城市"。它们紧邻上海中心城区，在市场力作用下，是城市建设与投资最活跃地区，也是上海中产阶级的最远通勤半径，形成了新的发展特色。

对上海城市空间结构的讨论很多，一部分研究强调

继续延续原有的"中心城+新城"主导的空间结构，重点关注与完善提升新城建设。例如从原有的专业性新城转向"功能综合"的新城，强调从产业配套、设施完善等角度提升新城的综合服务力，此外新城布局也从相对均质化走向有所侧重。按照"十四五"规划，把9个新城转向嘉定、青浦、松江、奉贤、南汇5个重点新城，到2035年各新城的人口规模达到100万，新城将按照产城融合、功能完备、职住平衡、生态宜居、交通便利、治理高效的要求，建设成为独立综合性节点城市。另一部分研究则基于现状空间增长的市场动力，提出应当更加关注市场作用力下带来的重点空间与功能集聚新趋势，关注中心城区边缘城市这些战略性功能节点地区的发展，并将这部分空间作为重要结构性重点纳入城市空间结构考虑。

笔者在2008年参与编制的上海城市空间发展战略[①]中，提出关注虹桥枢纽这类"边缘城市"的发展，在原有1966城镇体系基础上，把新兴边缘城镇纳入新城体系中，构筑中心城—边缘城市—综合新城—产业新城的新空间体系。中心城重点强化以楼宇经济为核心的"中央

---

① 2008年中规院编制《上海城市空间战略》。

活动区"建设。边缘新城是由中心城向外，形成"产业主导、生态主导、交通主导、园区主导"的功能节点，在有效通勤距离的范围内，形成上海自主创新氛围最好、创新能力最强的区域，并逐渐发展成为专业化功能特色鲜明的边缘城市集聚带，作为上海建设创新型城市的主要空间，同时各个边缘城市形成了专业化的功能分工[①]，希望利用以其相对低成本优势形成不同于传统城市化地区的建设模式，成为上海创新产业和企业创业的重要空间，成为上海培育自主创新能力的主要空间载体。综合新城作为上海对接长三角且功能相对独立的地区，产业新城则是上海面向国际、依托空港海港的战略性产业发展区域（郑德高等，2011）。这是在那个时期提出的一种战略设想，也为新一轮上海2035总体规划的编制提供了一些思路借鉴，在2017版城市总体规划中，这些边缘新城都纳入主城区统筹规划。

---

① 其中，江桥正在成为总部经济的主要集聚地；虹桥和七宝的综合性职能较为突出，是各类生产性服务业的汇聚区；闵行正成为上海西南部重要的居住区和大型产业集聚区；康桥则正在发展成为上海南部以居住为核心功能的生态型城镇；川沙地区由于迪士尼乐园的进驻以及毗邻浦东国际机场的区位优势，将发展成为以文化娱乐和大型主题社区为主的综合性服务城镇；外高桥则以保税区为主体，是出口加工型产业新镇。

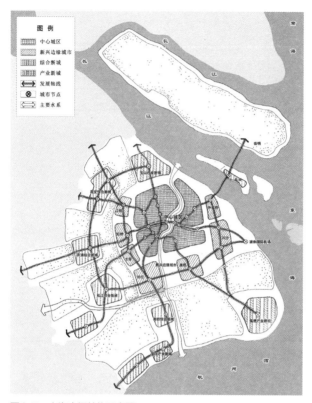

图 3-7　上海空间结构示意图

资料来源：中国城市规划设计研究院，《上海城市空间发展战略》

迈向卓越的全球城市：上海2035的新目标与新空间

卓越的全球城市：上海2035的目标愿景

第六版的《上海城市总体规划2017–2035年》将对城

市目标的研究提到了全新的战略高度，明确提出到2035年建成"卓越全球城市"，成为"令人向往的创新之城、人文之城、生态之城"，并同时提出要建设"国际经济、金融、贸易、航运、科技创新中心和文化大都市。"

在经济全球化不断深化的背景下，如何在竞争日益激烈的全球坐标系中明确自身的价值和地位，成为国内外特大城市新一轮发展中的关注焦点。从宏观背景来看，一方面，世界经济格局面临重构，全球网络节点的作用日益突显；另一方面，中国的崛起也需要上海在全球格局中明确自身的坐标。从上海自身的发展条件看，发展面临转型，需要关注新语境下城市发展的新目标。

自1843年开埠通商至今，一个半世纪的时间跨度见证了上海国际地位的起伏与回归，以及城市功能的丰富与变迁。如今，随着国际地位的不断提升，上海开始从全球城市视角审视自身发展。一方面，上海硬实力方面长板凸显。上海经济总量大，不仅位居全国之首，而且全球排名位居第8位（2019年）；金融产业发展迅速，持续向好，证券市场股票交易额位居全球第二，是国际上市场种类较为齐全的金融城市之一。另一方面，上海软实力方面短板明显。以全球城市竞争力指数为例，就科技研发能力和文化交往指数而言，上海的两项指标均排在第16位；而上海自然环境的可持续程度排名仅为第39位；宜居魅力指数也仅为第22位。显而易见，科技创新能力、文化影响力、可持续发展、宜居魅力等非经济要素成为限制上海综合实力进一步提升的重要瓶颈。

在此背景下，"上海2035"提出在经济、金融、贸易、航运"四个中心"基础上，增加"科技创新中心"而成为五个中心的目标定位。上海1999版总体规划"四个中心"的城市性质深入人心，并取得较好的成效，"国际经济中心"规模优势明显，资本控制能力仍有提升空间；"国际金融中心"成长迅速，金融影响力处于全球第二梯队；"国际贸易中心"建设加快，但国际影响力尚不突出；"国际航运中心"基本建成，亚太枢纽地位突显。应对科技、文化、环境、宜居等非经济领域短板明显的特征，"上海2035"强化创新影响力，将"科技创新中心"职能作为新一轮上海城市发展的重要支撑。

同时为了加强城市的软实力，在五个中心的基础上，强调"创新之城、生态之城、人文之城"的建设，比如为了生态之城的目标，强调将崇明岛定位在"世界级生态岛"，强调"+生态"与"生态+"的策略。为了人文之城的目标，上海强调在城市更新中将"拆、改、留"转变为"留、改、拆",规划64条永不拓宽的街道等措施加强历史保护等。

都市圈:从城市到区域视角的转变

除了在目标定位中进一步明确"全球城市"的总体定位外,"上海2035"另一个重要的亮点或者说是转变就是从城市走向了区域,明确提出以"都市圈"承载国家战略要求,统筹并优化区域格局,引领带动长三角的发展。纵观国际案例,空间紧邻且功能紧密联系的区域腹地是支撑全球城市竞争力提升与功能完善的重要保障。尤其是在国内外双循环的新发展格局下,都市圈通过城市之间密切的分工协作,已然成为参与国内外双循环的基本单元、参与全球竞争的重要载体。

在"上海2035"中,基于经济、人口、交通的关联度的定量研究,以及文化、行政、区域设施等的定性校合,首次提出由上海与周边6个(包括苏州、无锡、南通、宁波、嘉兴、舟山在内)在产业分工、文化认同等方面关系紧密的城市共同构成的同城化"都市圈"。这个圈层基本是上海中心城区90分钟快速交通出行范围,也是上海全球城市目标下,重点战略要素协同发展、战略资源统筹配置的重要区域。规划提出了在都市圈内，要不断完善区域网络，强化交通设施的互联互通，推进区域基础设施等战略性资源的统筹建设；要加强生态环境的共治共保，强化太湖流域、环杭州湾流域及长江口的水质协同治理和生物多样性共同保护；要加强文化资源的共融共保，共同推进江南文化核心区的保护、传承与建设。同时，在都市圈范围内，重点识别出了东部沿海、长江口、环淀山湖、杭州湾北岸四大战略协同区，作为与周边地区协作一体化的重点战略板块，形成多维度的协同治理模式。

可以说，都市圈的提出是上海新一轮总体规划相比于以往总规的重大突破，它标志着上海的视野开始从自身6300km^{2}的土地转向区域，第一次跨出自身行政范围来思考如何承担起引领长三角发展的"排头兵与先行者"的使命。之后，按照落实上海新一轮总体规划的要求，上海于2019年正式启动了"上海大都市圈空间协同规划"的编制。经过沪苏浙两省一市政府的协商博弈，最终"上海大都市圈"范围在总规提出的上海、苏州、无锡、南通、宁波、嘉兴、舟山7个城市基础上，增加了江苏的常州与浙江的湖州，最终形成了由"1+8"9个城市共同构建的，总面积为5.6万km^{2}的"上海大都市圈"。

都市圈战略的提出是国家区域协同发展战略在以地方为主体操作单元方面的深度落实与尝试，重点在于围绕三个方面协同：一是在问题层面，聚焦生态协同。重点解决都市圈内单个城市难以独立应对的生态环境问题，如流域性保护问题、水质问题、生态环境治理问题等，通过生态共保、环境共治、生态网络共通等实现区域生态效益的最大化；二是在目标层面，聚焦全球产业协同。重点从提升区域竞争力角度，通过产业链、创新链、供应链的共建协作，明确都市圈内不同城市的价值链环节优势，共建区域产业创新共同体。三是在支撑层面，聚焦交通协同。通过一体化的城际轨道、快速干道等交通设施网络共建，促进各类要素的快速便捷流通，形成畅达流动的高效区域。这三类协同可以说是都市圈协同发展的基础，通过多方协同，最终实现都市圈内的同城一体化以及圈内发展的共利共赢。

城镇圈：大都市城乡统筹的新探索

在市域内，"上海2035"提出了以"城镇圈"作为优化郊区空间组织、完善资源配置、促进城乡统筹的基本单元。城镇圈可以说是"上海2035"的全新探索，它指的是在主城区外以一个或者多个城镇为中心，以30～40min通勤可达范围为半径的区域。通过强化交通网络支撑、共享公共服务设施，形成整体功能综合的城镇组合体。

城镇圈的探索转变了传统城镇体系中以自上而下的行政层级配置公共资源的方式，而是通过促进城镇之间资源互补、服务共享，实现圈内各级城镇和乡村地区的共赢与组合发展。众所周知，上海中心城区发展的品质与水平一直在国内甚至国际上处于领先地位，但郊区发展与中心城区的差距一直十分明显，与国际大都市的郊区发展水平也有较大差距。城镇圈的提出，有利于全面提升郊区发展的能级与特色。一方面，以城镇圈总人口规模来配置公共资源，可以为更高等级的公共服务设施向郊区倾斜创造更大的可能性，从而全面提升郊区的公共设施能级。通过选择交通区位好、发展基础优越的城镇配置高等级公共服务设施，其他城镇配置与其功能相匹配的特色设施，并通过交通网络支撑强化圈内城镇的快速链接，互利共享，有利于提高设施使用率与土地利用效率，实现圈内公共服务水平的全面提升。同时，通过倡导圈内功能相互补充，每个小城镇强调"做强、做特"，而不是各自功能完整，从而更加能够体现小镇的特色发展优势，减少恶性竞争。

此外，根据不同郊区城镇发展的主导功能与特点，将规划的24个城镇圈分成了综合发展型、整合提升型、生态主导型三类。其中16个综合发展型城镇圈以新城和新市镇为核心打造，重点提升产业功能，引导人口集聚，加强公共服务和资源配置，促进产城融合；4个整合提升型城镇圈主要位于中心城区周边，重点体现生态宜居功能，控制新增住宅用地，与主城区共享高端设施，完善地区级设施，构建组团开敞式空间格局；4个生态主导型城镇圈，如崇明岛上的城桥与陈家镇，重点体现城乡服务、生态保育和休闲游憩的功能，培育生态产业与旅游度假产业。

同时，为了进一步推进区域协调发展，规划还在临近上海市域边界地区，提出构建三大跨省界城镇圈（包括嘉定安亭-青浦白鹤-江苏昆山花桥、金山枫泾-松江新浜-浙江嘉善姚庄-浙江平湖新埭、崇明东平-江苏启东启隆-江苏海门海永），促进规划共同编制、建立生态环境共保联治、基础设施对接等，推进上海与近沪地区的一体化发展。在上海总体规划被批复后，上海市规划资源局也委托中规院编制了这三个跨省界城镇圈的协同规划，探索了"共同编制、共同审批、共同认定"的跨区域规划编制模式，成为上海从邻界地区层面推进区域协同发展、探索区域协同治理的有益尝试。

生活圈：基于人的需求的公共空间塑造

在社区层面，上海2035提出了打造15分钟生活圈，以宜居、宜业、宜游、宜学为目标，激发社区空间活力，将生活圈作为建设更富魅力人文之城的重要支撑。生活圈按照15min可达的空间范围，结合街道等基层管理需求划定，平均规模约为3~5km²，服务常住人口约5~10万人。同时以500m为基准，配置日常基本保障性公共服务设施和公共空间场所。

值得注意的是，本次"上海2035"提出的15分钟社区生活圈不仅是生活服务场所的概念，而是更加突出功能复合和职住平衡，集中配置社区服务功能，为市民提供就近就业空间和机会，是一个网络化、复合化的现代社区。一方面，需要形成有归属感的社区公共空间，通过增加社区公园、各类体育及休憩设施等，满足市民的健康生活需求。强化街坊内巷弄与公共通道的联通，串联地区中心与主要公共空间节点，满足日常公共服务需求。另一方面，也强调提供社区学习、就业和创业机会。以轨道站点为核心集中布局就业空间，为市民提供更多就近就业空间与机会。鼓励社区更新，为小微企业提供低成本办公场所，构建吸引创新型人才的社区创业环境。同时，强化公共交通对社区的引导，依托轨道交通站点、公交枢纽等，综合设置社区行政、文体教卫、商业服务等各类公共服务设施。增设B+R设施，缩短居民出行时间，保障慢行的交通。

而后，上海还出台了《15分钟社区生活圈规划导则》，作为落实上海2035的下位技术规范，从居住、就业、出行等方面明确了相关规划准则、建设引导和行动指引，有效保障了社区生活圈的可实施性。

15分钟社区生活圈的规划，可谓是上海"人民城市

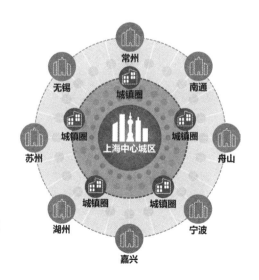

图3-8 都市圈-城镇
圈-生活圈模式
资料来源：作者自绘

人民建，人民城市为人民"的"两城"建设的重要缩影。
而"一江一河"滨水空间的建设，则更是上海全面提升全
球城市公共空间品质，体现以人为本的标志性举措。一座
城市的滨水空间，是关键而基础性的城市公共产品，既关
乎城市建设的品质，更关乎民生。按照世界级滨水地区建
设的总体目标，黄浦江沿线定位为"国际大都市发展能级
的集中展示区"，苏州河沿线定位为"特大城市宜居生活
的典范区"。

在一江一河的规划建设中，有四个重要的关键词。一
是"贯通"。在"整体谋划、分步实施、有序推进"的思
路下，2017年底，上海完成了黄浦江中心城区45km的贯
通，2020年，苏州河中心城区42km也全线贯通。未来
市域范围内的"一江一河"也将实现全线开放。通过绿道
（步行、骑行道）、风景道、蓝道及水上游线的四道贯通
以及沿线公共空间建设，"把最好的岸线资源留给人民"。
二是"开放"，通过强化沿江空间的可达性，畅通通江道
路，实现滨江岸线的便捷可达；三是"活力"，植入文化、
艺术、创新、休闲等功能，让昔日的"工业锈带"变成了
今天的"生活秀带""品质绣带"；四是"人文"，保护原
有的老建筑，保留江边特有的时代记忆，植入新的功能和

文化元素，塑造新时期的文化地标，让滨江地区成为人们寻找城市回忆、展望城市未来的重要去处。

过去的滨江地区建设更多关注修了多少绿道、建了多少公园等硬件设施，而上海"一江一河"公共空间贯通改造更加强调以人为本的设施与业态引入，突出地区特有的文化元素的传承与再生，让滨水地区承载不同时代的功能，形成"一段一风景"，创造差异化的空间场景，成为展示城市公共生活与文化品质的美好画卷。

关键性节点"长三角绿色生态一体化示范区"的启示

从经济高地到价值高地：绿色生态一体化示范区的总体定位

长三角生态绿色一体化发展示范区涉及两省一市的行政范围，是一个跨越省域行政边界的地区，单独强调这个地区的示范发展，显然是一种前文所说的跨越行政边界的"竞争性空间"，而且是跨越省的行政边界，是国家层面的竞争性空间。

从城市走向城市区域是当前城市发展的趋势和参与

竞争的核心，在世界层面，英国大伦敦区域，荷兰兰斯塔德地区是比较典型的通过多个城市的联合形成一个参与全球竞争的城市地区。长三角生态一体化示范区也是城市走向城市区域的重要示范空间单元。一体化示范区的核心要义是打破行政壁垒，促进要素的自由流动，美国经济学家巴拉萨认为区域一体化按照阶段可以划分为四个阶段：贸易一体化、要素流动一体化、政策一体化、完全一体化。在长三角地区当前阶段重点探讨的是生产要素的一体化，经济学中所指生产要素一般包含4个方面：劳动力、土地、资本、技术，自由流动则一般强调除土地之外的其他要素的流动。

按照《长江三角洲区域一体化发展规划纲要》的要求，重点是实现8个一体化，包括规划管理一体化、土地管理一体化、投资管理一体化、财税分享一体化、要素流动一体化、公共服务一体化、生态环境一体化、公共信用一体化等。因此，传统观点（或者大多数人的观点）是国家的政策区是要建设一个"新开发区"，形成一定的经济总量，显然从政策设计来讲，本示范区的初衷并不是要建设一个经济高地，而是体制机制协同的高地。但是，如果一个国家级的示范区没有新经济的植入，也很难能看到示范的成果，也不能检验是否促进了生产要素的一体化以及促进经济的更高质量的发展。

因此示范区在经济发展的总体目标上是定位在价值高地，而不是经济高地。按照这个思路，结合当前创新经济在空间上发展的特点，规划将示范区的产业发展定位在融合型数字经济、前沿型创新经济、功能型总部经济、特色型服务经济、生态型湖区经济等几个方面，其目的是建立以"五大经济"为引领的，具有全球影响力的新经济，通过这些新经济的发展来检验一体化成效。

核心主题为生态绿色

有了示范区的总体定位，空间规划上该如何实现呢？在规划上还是要遵循"目标–行动–项目"的逻辑。示范区总体的空间要求是"生态绿色"，空间规划描绘了这个地区的目标，主要体现在五个方面，包括"一个人与自然和谐共生的地区，一个风景与功能共融的地区，一个创新链与产业链共进的地区，一个小镇味与江南风共鸣的地区，一个公共服务设施与基础设施共享的地区"。

生态绿色是示范区的核心主题，这标志着该地区不一样的发展模式，生态优先，首先在开发强度上原则上要求减少用地的扩张，建设用地的"零增长"，这一点还是会引起很大的争议，上海是在2035年总体规划中率先提出了用地"零增长"的概念，其实是限制用地的扩张，倒逼自己探讨存量发展的新模式。江苏和浙江认为还在快速发展阶段，还需要依靠一定的增量用地来促进发展，在经过多轮三级八方的协商博弈之后，基本同意建设用地零增长，但零增长不是静态的，还是可以通过流量规划，时间换空间等政策，通过适当的评估后进行动态的调整。

生态优先还有一项很重要的工作是建设清水绿廊，保障连接三地的水是清洁的，这个也是借鉴新加坡清水廊道的做法，强调ABC，即活力（activity）、漂亮（beautiful）和清洁（clean），目标是将新加坡水体从排水和供水功能转变为充满活力的新的社区纽带和娱乐空间。本次在示范区规划两条一级清水绿廊和多条二级清水绿廊，主要是让水有更多的空间，在管控范围内禁止陆域污染排放，实施滨河生态空间优化，为了便于实施，也强调分类管控，分为城镇段、农村段、郊野段，管理范围分别为30m、80m、300m，保护范围分别为60m、200m、1000m。当然清水绿廊的实施还需要有一个体制机制的过程，建设清水绿廊在理念上很容易达成共识，但如何实施仍然面临谁出钱的难题。上游拆迁成本巨大，下游的收益要高过上游，如何出资，如何协调好各方利益是建设跨流域工程的关键。

规划希望示范区能围绕山水林田湖共同体，构建全方位可持续的生态协同治理体系，锚固以水为脉、林田共生、蓝绿交织的自然生态格局。基于此，规划提出示范区"一心两廊、三链四区"的多样生态格局。所谓"一心"，是以淀山湖、元荡及周边湖荡为主体构建生态绿心，成为生态绿色发展的核心示范空间；"两廊"，是太浦河和京杭大运河两条清水绿廊，强化水质安全保障，清退两侧污染工业，联通两侧水体，发挥生态效应；"三链"，是以连绵湖荡串联形成"两横一纵"蓝色珠链条；"四区"，是指形成大湖区、湖荡区、溇港区、河网区四类水乡特色片区。

此外生态绿色还体现在倡导低碳的生活方式，低碳的交通方式，绿色建筑，可再生能源的使用等。按照现在的经验，低碳通常和智慧是相伴的，本地区集中着以华为为代表的新经济的高新技术企业，有责任有条件将本地区建设成为智慧城市。智慧能源、智慧交通等的建设既能节能，又能保障更有活力的服务，日本倡导"社会5.0"，其核心也是期望通过人与物的智慧互联能保障人民的生活质量，示范区有条件建设一个更加智慧化的城市和社会。

以小镇网络为主要空间形态

示范区是传统江南水乡集聚的地区，又是河网密布的地区。因此从开始规划师就设想这个地区是以特色小镇为主导，形成小镇网络，而不是集中建设新城的模式。这一点得到了规划师、政府官员、地方百姓的一致赞同，这有点出乎意料。因为传统的开发区大家还是希望形成具有一定规模，以经济效益为导向的新城新区模式。传统新城新区模式的好处是有利于规模经济，宽马路也利用货物的运输。缺点经常是不利于人的生活，通常也是浪费严重，地均产出也经常比较低，"土地城镇化快于人的城镇化"经常也是对新城新区的批评。

因此本地区结合江南小镇的特点，强调本地区的建设模式是以"特色小镇"为主导的"小镇网络"模式，总体是以一个个特色小镇为主，通过小镇联盟形成一定的产业簇群，以及相互之间更加便捷的交通体系和交往体系。在这里，把小镇网络定义为长三角城市群的黏合剂，起着润物细无声的作用。

在强调小镇网络的过程中，期望本地区的特色为"一个江南风与小镇味共鸣的地区"，同时加强高度管控，强调特色小镇新建建筑高度宜控制在30m以内，魅力乡村新建建筑高度控制在10m以内，活力城区新建建筑高度宜控制在50m以内。控制层高一直是有些争议的地方，从开发强度来说，地方政府不希望有高度管控，高度其实是塑造城市特色非常重要的一个环节。雄安新区基准高度定位45m，通州副中心高度定位为36m。本地区按照分级管控的原则进行，总体是希望达成一个共识。

追求"目标–行动–项目"的治理逻辑与规划逻辑

示范区空间规划更多是希望规划不仅仅停留在理念层面，希望示范区的项目可操作、可推广、可实施，项目推进要有显示度。因此示范区空间规划强调了目标–行动–项目的逻辑。一体化示范区重点是探讨跨行政区域的一体化发展，这不是一个单一的行政区，凡是跨行政区域的工程都需要协商来解决，既有道路工程项目，也有生态工程项目等，每个项目其运行的治理逻辑总体来说是希望借鉴"新区域主义"思想，采用"自上而下"与"自下而上"相结合的方式，形成多层治理、多重参与、多方价值的合作网络，让大家共同参与项目的实施，是一种新型的竞争合作关系,这种关系是体现在一个个具体项目的实施中的。因此,示范区除了目标、远景、原则需要有共同的认识之外,还希望能通过具体的工程项目来促进一体化机制的完善和发展。

因此本次空间规划一个特点是在规划中明确一些重点项目,建立目标-行动-项目的空间规划语境,比如在生态方面,重点通过清水绿廊项目来实现生态共保目标。在交通方面,重点是通过蓝道、绿道、风景道的建设来实现交通的一体化发展。此外,还有的是通过共同经营一个地块来促进一体化发展。比如,在江浙沪交界处,提出约30km^{2}的"水乡客厅"来共同建设。这个水乡客厅首先是一个河湖田镇村融合的水乡单元,在具体项目方面,重点体现"一点三园,三区三道"的空间布局。"一点"是指在江浙沪交界处建设一个江南意向的节点,"三园"包括示范水乡湿地、桑基鱼塘、江南圩田。"三区"是创新创意集聚聚落,包括金泽镇区、汾湖高新区、嘉善背部片区,"三道"即为蓝道绿道风景道建设的集中示范。

上海"十四五"期间空间结构面临的挑战与规划选择

上海空间结构面临的挑战

上海虽然在"十四五"规划之前完成了上海城市总体规划（2017–2035年），但是长远规划难以替代近期的行动，于是在"十四五"规划出台之前，上海进行了一些专题研究，笔者承担的是《"十四五"期间上海优化功能布局，促进重点发展区域与潜力发展地区研究》，通过大数据分析和规划建设评估，指出上海空间结构存在南北不充分和东西不平衡的问题。

一方面，东西"不充分"，区域引领度不足。上海的东西轴作为最重要的发展主轴，串联了一系列承载城市核心功能的战略性节点，如金融功能主导的世博–前滩、徐汇滨江，贸易航运功能主导的临港地区，科创功能主导的张江科学城等。但从人口、经济、建设和交通要素的集聚程度来看，尚与伦敦和东京的城市主轴存在较大差距，呈现"不充分"的发展特征。究其原因主要是因为上海的东西主轴上仍旧缺少高品质、强辐射带动能力的节点。

另一方面，南北"不平衡"，发展均衡度不足。对比上海自身的两条发展主轴可以发现，除人口密度南北轴略高于东西轴外，南北轴的经济密度、建设密度和轨道线网密度都显著低于东西主轴，呈现"南北不平衡"的发展态势。若以人均GDP为考量，南北向区域也明显低于东西向区域。2017年位于东西向的青浦区、浦东新区人均GDP分别为8.4万元/人和17.5万元/人；而位于南北向的奉贤、宝山区人均GDP仅为6.7万元/人和5.6万元/人。2017年，上海有24个新的甲级写字楼项目入市，新增供应量达到140万 m^2，其中约105万 m^2 的新增写字楼供应量位于静安、长宁、陆家嘴、竹园等东西向区域，显著高于南北向区域[①]。

因此研究提出的主要建议包括：一是优化东西，强化重点地区，打造全球城市的发展主轴；二是提升南北，打造潜力地区，形成支撑南北的新增长极；三是链接区域，培育多元节点，提升区域辐射能力。同时建设10多个关键性节点（重点地区）。

---

① 郑德高，朱雯娟，林辰辉，陈阳.功能结构优化视角下的上海重点地区与潜力地区研究[J].城市规划学刊，2020(6)：9-15.

"十四五"上海空间发展的战略选择

上海"十四五"在前期研究的基础上，提出了"中心辐射，两翼齐飞，南北转型，新城发力"的空间发展政策。这里重点对两翼齐飞和新城发力再介绍一下。

"两翼齐飞"突出西翼与东翼两个关键性节点。西翼为长三角示范区，重点是面向区域在"高质量"和"一体化"上探索新路径，示范区规划的核心要义在前面一节已经做了重点介绍。在上海的东翼则是重点探索面向国际市场的自由贸易新片区。

《中国（上海）自由贸易试验区临港新片区总体方案》中明确了"开放创新的全球枢纽、智慧生态的未来之城、产城融合的活力新城、宜业宜居的魅力都市"这四个发展愿景，在此基础上，进一步提出了战略重点与空间支撑：一是强化立足区域，提升基础设施和公共设施服务能级。推动对外开放门户枢纽功能升级，形成陆海双向开放的立体综合运输走廊，构建功能完备和集约高效的多式联运集疏运体系，建设衔接内外、陆海空联动的国际开放枢纽门户。同时规划建设博物馆、音乐厅、大剧院等高能级文化设施，形成面向国际的文化需求。二是关注功能升级，形成生态和智慧并举、创新和活力共生的资源配置中心。强调保育近海滩涂湿地、建设生态岛链，营造"湖海相融"的丰富水系格局，建设高标准新一代信息基础设施，依托功能复合的智慧城市信息平台构建智慧互联、协同共享的数字孪生城市。三是优化空间格局，强化城乡统筹和国土资源利用。建设以南汇新城中心为基础的新片区中央活动区，重点集聚新片区的核心功能，并构建了"主城区–功能组团–城乡社区"的城乡体系。

新城发力中，突出五大新城。强调上海重点建设具有区域辐射带动功能的嘉定、青浦、松江、奉贤、南汇等5个新城，到2035年各新城的人口规模达到100万，新城将按照产城融合、功能完备、职住平衡、生态宜居、交通便利、治理高效的要求，建设成为"最现代、最生态、最便利、最具活力、最具特色"的独立综合性节点城市。

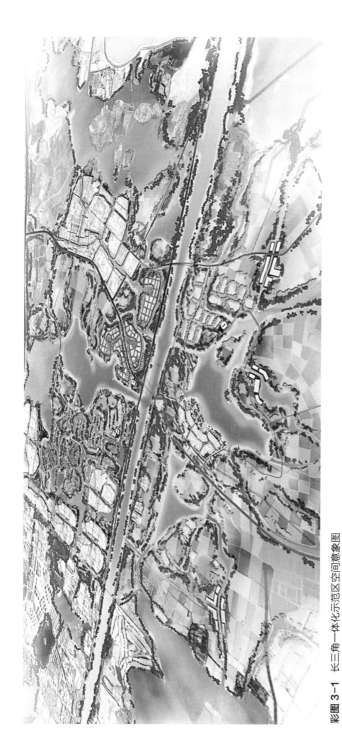

彩图 3-1 长三角一体化示范区空间意象图
资料来源：东南大学，长三角一体化示范区设计工作营

彩图 3-2 长三角一体化示范区空间意象图

资料来源：同济大学，长三角一体化示范区设计工作营

第 4 章

杭州：
一座创新与魅力共生之城

▌ 追求更美好的城市 ▌

武汉 / 上海 / 杭州 / 大连 / 天津 / 十堰

江南忆，最忆是杭州；山寺月中寻桂子，郡亭枕上看潮头。何日更重游！

——白居易《忆江南》

遇见不一样的杭州

如果说武汉2049开启了我们对于城市远景战略的初思考，上海的系列研究体现了我们对于这个国际大都市发展重心和规划思路的持续跟进，那么杭州则寄托了我们在新一轮知识经济时期对城市新发展思路的再思考。

2017年初，杭州市正着手启动新一轮城市总体规划的编制[①]，希望我们共同参与。彼时的杭州刚成功举办G20峰会，活力亮眼、炙手可热，这个"浸透着江南韵味，凝结了世代匠心"的城市吸引了全世界的目光。自古杭州就有"人间天堂"的美誉，加上近年来互联网和数字经济的蓬勃发展让杭州成为新时期新一线城市中的翘楚。这种历史与未来交汇的"独特韵味"，彰显出她不同于中国任何其他城市的"别样精彩"。

---

① 后于2018年底转为国土空间规划。

在与规划局进行了反复沟通后，结合"评估–战略–总规"三步走的规划编制思路，中规院重点从评估着手，以战略为引领，为新一轮城市总体规划编制提供支撑与指引。其中"第一步"规划实施评估工作，由中规院牵头，杭州市规划院参与，于2017年底编制完成。尽管当时评估提出的问题与结论得到广泛认可，也部分回答了杭州当时所面临的困境和规划方向。但是对于这样一个新兴经济蓬勃发展、创新创业如火如荼的城市，仅仅基于过去和现状的推演，显然难以应对城市的快速发展的变化，也不足以回答这座明星城市未来的方向与重点。因此，面对杭州的2050的战略研究，我们仍然希望能够跳出既有套路和思维定式，重新认识和解析新时代背景下的杭州。

带着这样的使命，我们走进杭州，进行了前后一个多月的全面调研踏勘，既有与杭州企业家、创业人群、政府人员以及普通百姓的数次面对面访谈，也有与规划前辈及业内专家的多轮专业研讨。正是这一次次的讨论和经历，让我们一步步走近杭州，也渐渐看到了她的多重性格——那个与传统印象中"烟柳画桥、风帘翠幕"的杭州既相似、又很不一样的城市。

历史上的杭州：名城与名人

从历史的维度回看杭州，西湖总是绕不开的焦点。无论是从山水人文价值，还是从城市建设的价值来看，西湖都是杭州城市画卷中的经典。但因其早期是陆海之间的泻湖，与钱塘江相连，时常淤塞，所以杭州城市建设的历史中，治理西湖一直是重要的篇章。正如杜甫之于成都，张之洞之于武汉，范蠡之于无锡，说起杭州，就不得不提白居易和苏轼，他们都曾主政杭州，与西湖、与杭州城结下了不解之缘。

1. 白居易治西湖、咏杭城

白居易于长庆二年（公元822年）赴杭州任刺史（相当于现在的市长），并于长庆四年（公元824年）离开。那时候的西湖远比今天的大，汛期洪水泛滥、旱期又干涸严重。在他到任前，杭城水井干枯、百姓饮水深受影响，"江淮诸州旱损颇多"。在杭期间，他一方面修筑了西湖大堤，增加了西湖的蓄水量，"堤高数尺，水亦随加"，并预留了泄洪通道；另一方面，他又重疏六井，治湖浚湖，既缓解了西湖淤塞的局面，也解决杭州人民困扰已久的饮水问题。他为杭州留下的一湖碧水，几道沙堤，让后来的人们得以临湖而居，安居乐业，也初步奠定了西湖"三面云山一面城"的基本格局。此外，他还作《钱塘湖石记》，将治理西湖的方法心得等刻石立于西湖畔，以供后人参考。据记载，白居易在离任前，还将自己大部分的俸禄留存官库，作为疏浚西湖的固定基金，用多少则由继任者补足原数，这一制度在之后持续了50年之久。

除此之外，白居易还开启了咏杭赞杭的先河。他"在郡六百日"期间，为杭州留下的两百余首咏叹西湖山水的诗歌，让杭州声名远扬，并受到历朝历代文人墨客的造访青睐。"江南忆，最忆是杭州"，白居易从来不曾掩饰对杭州的情有独钟；即使离开杭城，也"欲将此意凭回棹，报与西湖风月知"；而"未能抛得杭州去，一半勾留是此湖"更是让杭州、让西湖成为多少人心中永远的江南梦。

2.苏东坡眼中的"淡妆浓抹总相宜"

相比于白居易在杭州的相对短暂停留，苏轼与杭州有着更加千丝万缕的联系。早在1069年，因反对王安石变法，苏轼就被贬至杭州。到任之后便开始致力于杭州城市调查研究，延续了前辈的做法，疏通六井，开始了西湖疏浚工程。但工作不到一年，又被调离杭州。到了1086年，苏轼再次任杭州知州，当时的西湖因杂草淤塞而大面积缩小，濒临湮废。一旦全面湮废，杭州城市赖以发展的手工业、酿酒等工商业将严重受损，百姓生活面临咸潮倒侵、沿河斥卤的风险，城市发展难以为继。在此背景下，具有城市建设发展远见的苏东坡做出了全面整治西湖和兴修杭州水系的计划，他一面上奏朝廷，一面筹措工程经费，开始对西湖进行大规模的深挖疏浚。

苏轼撤废了湖中私围的葑田，创造性地将葑草淤泥加以利用，筑成一道横贯南北的长堤，堤上建六桥九亭，遍植芙蓉、杨柳、花草，成就了如今"苏堤春晓""三潭印月"等西湖美景。还在湖水最深处建立石塔三座，禁止在石塔范围内养殖菱藕，以防湖底的淤淀。又在运河与西湖沟通之处建筑闸堰，使纵贯城市中心的盐桥运河专受湖水，与江潮隔绝；城市东郊的茆山运河专受江潮，两河互不干扰，做到了潮不入市。与此同时，苏东坡还征用士兵及民工对运河进行了大规模的疏浚。从此，六井通，西湖畅，清水遍全城。

为官之余，苏轼也走遍了杭城的山山水水，在山水间留下了自己深深的印记。他既为西湖写下了千古绝唱"水光潋滟晴方好，山色空蒙雨亦奇。欲把西湖比西子，淡妆浓抹总相宜"，也时常与百姓打成一片，留下了许多千古佳作和逸闻趣话。如今西湖边两条繁华的街道——"东坡路""学士路"的命名都与他有关，就连名菜"东坡肉"也据传是苏轼为了慰劳疏浚湖水的工人，用百姓送的猪肉自创的一道菜肴。

3.从西湖到西溪

两位名人可谓是杭州最早时期的城市总规划师和宣传推广师。他们千年之前提出的治水、营城的理念，至今仍被不断传承与延续，为人称颂。纵贯城市千年的历史，技术与发展的动力在不同的历史时期经历了不断的演变与迭代，但生态与人文却是城市绵延至今永恒不变的话题。时至今日，西湖周边这种独特的"三面云山一面城"的城湖空间格局及其蕴含的江南调性，依然是杭州城最亮丽的一道风景线。

如今，自西湖向西5km处的西溪，成为杭州另一张响亮的名片。"一曲溪流一曲烟"，西溪自古以来一直是隐逸清修之地，近些年更是因《非诚勿扰》电影而名声大振。这是中国第一个集城市湿地、农耕湿地、文化湿地于一体的国家级湿地公园。葱葱郁郁的芦苇荡中，水流轻淌，扁舟几叶，蒋村市集的咖啡厅、花园般的文艺小店、各类文化创意园区等点缀其中。幽幽溪谷的阵阵蛙鸣声中，三三两两的散步跑步人群，和着绿树红花流水，共同构成这幅人与自然共奏和鸣的美好画面。莲滩鹭影的湿地周边，吸引了越来越多创意业态和创新人群的集聚，带动了杭州最有活力的新经济集聚。阿里巴巴的总部、未来科技城、梦想小镇等都纷纷落户西溪以西的大城西，可以说，西溪就是杭州城西的重要精神依托。在这里，生态区位已经超越了传统"高密度、高强度"才有核心功能的城市开发逻辑，生态环境本身衍生出了多元化的价值，吸引并孕育了新经济。

从西湖到西溪，杭州一直在讲述着山水与人文、生态与城市互相成就、相得益彰的故事。当现实多样化的生态空间被一抹千篇一律的绿线划得不知所措的时候，杭州却一直在坚持寻找生态与城市之间的平衡。因此，杭州的战略，绝对不会是人与自然对立的一张蓝图，而是如何将这自然的馈赠价值得以最大程度的彰显，将历代匠心得以最优化的发扬。正如南京大学崔功豪教授在研讨会中说到的——"做杭州的战略，除了必要的刚性管控，弹性的引导也非常重要。我们不能简单地用一刀切的方式，来决定这里几千年留下的历史与人文。"

空间会在历史长河中不断演变，不变的是一个城市对自然的敬畏与尊重。

互联网引领下的城市创新

1.未来生活节里初窥杭城

最早体会到杭州的互联网创新，是在2017年首届未来生活节中，我们作为"未来城市"的协办方之一参展。未来生活节在离京杭运河不远的杭氧杭锅老厂区举办。随着中心城区的"退二进三"，这些老工业厂房都已搬离城区，而文化、艺术、创新等新兴经济开始在这集聚。这是一个典型的工业更新区，厂区骨架还保留着，斑驳的锅炉架和管道设备仍在，讲述着这里曾经的繁忙与辉煌。在这个古老的城市，当最工业化的空间底色，遇到最未来的科技火花，一不小心就碰撞出了不一样的烟火。

这次展会汇聚了杭城近百家科技企业，围绕未来城市、未来商业、未来出行、未来医疗、未来科技等10大主题，通过一系列有趣体验和人机互动等方式，让那些可能深刻影响未来生活的前沿科技以更亲民的形式走到线下，触手可及。我们的展位在主展区正中靠边的"未来城市馆"，旁边不远就是蚂蚁金服和几家互联网企业在展示他们的"未来黑科技"，AR合影墙、智动小红车、移动太空舱、智能机器人等吸引了众多年轻人的驻足体验。甚至有些中老年人也乐此不疲，为了只是"跟上时代的步伐，了解最新的动态"。

这样的活动在杭州比比皆是。在这里，有传统空间与现代功能的完美融合，有硬核创新技术和对未来无穷的想象力，有敢于尝试不怕失败的年轻人，也有对这个城市充满责任感和归属感的老市民。

2.数字经济第一城：杭州的新名片

近年来因互联网经济的蓬勃发展，"数字经济第一城"开始成为杭州的新名片，杭州开始奔跑在时代的最前线。当"互联网+""众筹""创客"等新词开始流行的时候，互联网的血液就流淌在这座城市的每个角落。这里诞生了阿里巴巴和支付宝，成为全国最大的移动支付之城，"点一点鼠标就能连接全世界"；这里有华三通信、海康威视、大华股份、宇视科技等领军企业，成为全国最大的安防之城；蘑菇街、同花顺、铜板街等新兴的互联网企业演替更新，诠释着最新的风口方向。同时，基于云计算的"城市大脑"保障着城市的有序运行；依托梦想小镇、云栖小镇、基金小镇、跨贸小镇等众多新兴空间承载着不同的数字创新，让这里成为互联网人"梦开始的地方"。在2017

年全国335个城市的"互联网＋"社会服务指数排名中，杭州以总分第一的成绩，成为全国"互联网＋"程度最高、生活最智慧的城市。

当时走访杭州滨江区时，这些处于"风口"中的互联网企业就给我们带来了很大的震撼。滨江区前身是杭州高新技术开发区，是杭州高新技术企业最为集聚的区域，集中了阿里巴巴、网易、海康威视、华为等众多国内外互联网企业，在全国高新技术园区中稳居三甲。

"你看我们这个楼，今年已经基本坐满了"，海康威视的一位负责人指着这个十几层的办公楼跟我们说："年底还会招一波新人，但已经没有空位了。最近刚和旁边的吉利公司谈妥，租他们的办公楼，不过应该也很快也会坐满。这两年人员增长实在太快了。"

当问及为何如此快速扩员时，一个企业负责人的话给我们深深的触动："以前我们扩产是投资设备、增加生产线。现在数字经济时代，对我们而言，扩产就是抢人才，人才决定了未来的一切生产力。"

类似的情况和想法在滨江几家互联网企业调研中比比皆是。"（员工数）二三年翻番，6成研究生，平均28～29岁"是这些互联网企业员工的基本画像。这也是为什么这些年，杭州常住人口总量增长一直领跑于长三角的原因：创新基因和对人才的极度渴求带来了这个城市年轻人的积聚，积聚的正效益又会吸引新一轮的再积聚。

在这里，我们看到了新时期城市发展的新逻辑。传统的城市发展，是城市招商引资招产业，人跟着产业走；而如今，人选择城市，产业跟着人走。如何能够吸引人，尤其是年轻人、创新型人才，并为他们提供适合的岗位和环境，从而真正留住这些人，是面向未来城市良性发展的核心命题。而杭州这些年的人口增长，也从另一个侧面反映了年轻人用脚投票的选择。毫无疑问，杭州确实是一个对年轻人、创新人才很有吸引力的城市。因此，建设一个对年轻人更有吸引力的城市也是对规划师们的重要挑战。

3.杭州与深圳，模式创新与技术创新的PK

作为创新城市的代表，杭州常常会被拿来和深圳作比较。也难怪，同样都是创新城市，同样最吸引人才，同样新经济蓬勃发展，杭州与深圳确实有相似性，比较在所难免。其实早在2017年初，杭州市委市政府就专程带着杭州领导干部，南下考察深圳，目的是"找找自身的差距"。

从创新的模式来看，杭州与深圳的差异其实挺明显。深圳的创新更多是基于制造业的技术创新，以华为、腾讯为代表的互联网企业，一直是深圳创新的核心力量，而后以大疆、柔宇科技为代表的新兴科技企业，更是一同支撑起了深圳新兴科技创新的旗帜。每年TCP国际专利数，深圳傲立群雄，让众多城市只能望其项背。

与深圳关注新技术、新专利的"硬核技术创新"不同，杭州的创新是更面向消费，是服务于C端的"模式创新"，关注新业态、新经济。从2017年数据看，杭州获得融资领域前三名全部是服务业，而相比之下，深圳融资居第一位的是制造业。这两个城市尽管在独角兽企业数量上相同，但杭州企业整体偏软，没有1家制造业企业入围。同时，杭州的科技创新产业差距也十分明显，杭州2016年PCT专利授权数仅为538项，是深圳同期的1/37；且技术转化能力偏弱，技术吸纳型合同大于输出性合同，硬核科技的原创性创新仍有比较明显的差距。

我们很难说技术创新就一定优于模式创新，它们的形

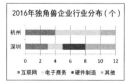

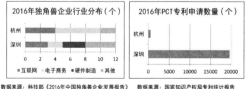

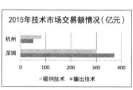

数据来源：科技部《2016年中国独角兽企业发展报告》　数据来源：国家知识产权局专利统计报告　　数据来源：科技部《中国火炬统计年鉴2016》

图4-1　杭州和深圳技术创新成就的差距比较

成有着方方面面的因素，也有着不同的城市基因与逻辑。但是从国家和城市长远的可持续发展来看，科技创新永远是引领未来发展的核心动力，"科技是国之利器，国家赖之以强，企业赖之以赢，人民赖之以好"。科技创新引领带动实体经济发展，是为城市发展注入不断动力的源泉。如何补足实体经济的相对薄弱的短板，以科技实力提升产业发展韧性和可持续性，是杭州在新一轮发展中要重点努力的方向。

双面杭州，双面杭州人

对杭州的更进一步体验，来自于杭州的多个双重面孔。

1.国际化的内与外

在做城市地位分析的时候，让我们很意外的一点是，尽管当时杭州的经济总量居全国第8位，城市的名气地位也紧随北上广深等一线城市。但当我们把眼光放到全球时，国际榜单中的杭州，却并没有想象中的出彩。例如在GaWC榜单中，杭州位于国内城市第10位；在A. T. Kearnery全球城市指标排名中，杭州位于国内14位；在2thinknow城市创新指数中，杭州位于国内城市第13位；在经济学人全球城市竞争力指数中，杭州处于国内第13位。

这显然跟我们传统认识中的杭州很不一样。这些年，作为跨境电商第一城，杭州在全球的影响力不断提升。这个号称"点一点鼠标就能连接全世界"的城市，在全球城市网络中的价值与地位毋庸置疑。

那么是什么导致杭州"墙里开花墙外不香"呢？

经研究发现，当前大多数榜单中的国际竞争力排名都以跨国公司的数量、世界500强企业的总部分支机构等指标作为排名依据。"吸引外资""引入外企"输入型指标成为国内众多城市国际化的重要路径。与传统的对外门户型城市不同，在上海、宁波两大门户城市的影响下，杭州在区域中并不具备国际性要素优先登陆的条件，因此长期以来并没有形成国际性要素的高度集聚，也无法依靠国际力量实现自身发展。

但是，2014年开始随着我国对外直接投资超过实际利用外资，成为资本净输出国，城市的国际化由融入、跟随，转变为主导、引领，需要更加全面、更加均衡的国际化路径。因此仅仅以"招商引资"指标来衡量国际化并不全面，以创新为引领的"内力驱动"日益重要。

基于此，我们构建了国际化评价的双向模型，以"输入"与"输出"两类指标综合考量城市的国际影响力。在这个评价体系下，除了北京、上海两类指标双突出外，其他城市大多分为两类：一类是通过输入国际化要素来提升国际化水平的"借力型"路径，主要表现在通过招商吸引跨国公司设立分支机构、建立便捷快速的国际链接体系、吸引海外资本参与当地建设等，如广州、成都等城市；另一类是通过输出国际影响力来提升国际化地位的"发力型"路径，主要表现在通过输出先进技术、提升资本控制力、发挥文化影响力等方式引领全球的国际化，深圳是典型的代表。

杭州与深圳相似，明显表现为输入型指标偏弱，输出型指标突出特点。杭州的信息技术和互联网企业控制着互联网技术和电子商务模式的全球制高点，并在全球业务的扩展中向全球输出商业模式和技术，从而无形中形成了对外的国际影响力和控制力；此外在文化影响力方面，杭州优势也十分突出。

当然，面向未来，尽管杭州的科创控制能力和文化影响力优势突出，但如果无法改善当前资本服务与支撑能力的短板，也必将制约其国际化的长远发展。因此补足基础设施短板，提升对外资的吸引能力，是杭州实现更均衡国际化的重要方向。

国际化的输入与输出模型：选择GaWC商务企业数、财富500强企业数、常住外籍人士数、国际航空输送量等11项指标构建城市国际化模式模型。计算结果显示，北京和上海的国际化水平一骑绝尘，以一种最为全面均衡发展的姿态处于国际化的第一梯队。而其他城市则呈现出不同的路径，以广州为代表的城市，在商务服务、国际链接和投资吸引等方面表现出明显优势，但在输出型的控制力和影响力方面明显不足（整体偏左）。以深圳为代表的城市，在经济控制、文化影响、创新驱动等方面优势明显，但在输入型的服务和链接方面短板明显（整体偏右）。苏州、武汉、成都等其他城市整体的国际化水平均不高，基本处于第三梯队。

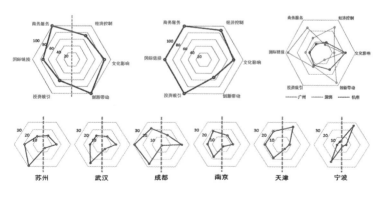

2.产业发展的虚与实

杭州的第二个双面性体现在产业发展上。信息技术与互联网的快速发展，带来了杭州数字经济、虚拟经济的蓬勃发展。相比而言，杭州的实体制造业水平在区域中一直处于相对薄弱的地位。在某次云栖小镇的调研中，一个富士康的企业老总跟我们说，他们许多在杭州设计出来的产品，都要送到深圳及周边生产，"因为那里形成了快速的、柔性化的产业链，技术和效率上的优势比较明显。一般提供图纸后二三天就能生产出想要的产品"。而在杭州周边，很难找到这样的生产企业集群。而后，我们在苏锡常的调研中，也进一步证实了这一观点，许多企业都会将他们的生产基地，放在沪宁沿线，而非杭州周边，因为那里有更为成熟的实体制造产业链。

当然，产业本身其实并无绝对的优劣之分，区域走向分工原本就是协同发展的趋势。但对于一个特大城市而言，"虚与实"的合理关系就很重要。对于这些规模较大的综合性城市，过早的"脱实入虚"往往容易让经济发展有失去韧性应对的风险。对于杭州战略的讨论中，虚与实的关系也一直是焦点。

从杭州的产业发展模式来看，在产业结构退二进三的背后，是产业投资的不平衡。杭州市三产投资比重快速上升，由80亿元增到600亿元，2015年杭州的二三产投资关系为1:4，三产投资和北上广深的水平相当。与之相对的是二产投资持续不振，年均增长由60亿元降到30亿元。2008年全球经济危机表明，过度依赖第三产业而放弃实体经济，会导致城市应对系统性风险的能力下降。杭州实体经济的投资捉襟见肘，而热钱大量涌入服务业领域，未来产业可能存在发展后劲不足的问题。

在新一轮规划期内，杭州将进入服务经济和后工业时代，需要正确处理好制造业和服务业之间的关系，要从保证产业发展的可持续性的角度，补足制造业短板，并从结构、动力等视角科学判断制造业和服务业的关系。

3."闲适从容"的老杭州人VS"狼性进取"的新杭州人

除了城市功能上的双面性之外，随着城市经济发展，杭州人的双面性也开始显现。

历史和自然赋予这座城市无可比拟的人文底蕴，也孕育了老杭州人谦和、文明、闲适、宁静的气质。这里有"松风吹解带，山月照弹琴"的闲情，也有"山寺月中寻桂子，郡亭枕上看潮头"的逸致。这是中国第一个实践"机动车礼让行人"的城市，也是连续14年入选"中国最具幸福感的城市"的地方。

在做公众问卷调研的时候，本土杭州人的这种闲适从容而又对城市充满责任感的画面给我们很多的温情和感动。问及对未来城市的期待，有人写道"希望在杭州可以看普利策奖照片展，可以充满文艺气息地逛一整天"；有人写道"希望这里是世界的硅谷；未来无人愿开私家车，水质达到20世纪60年代水平；全球犯罪到不了杭州，有毒食物进不了杭州。有5所全国一流大学，书记市长每月到为民服务大厅值一天班"。一对浙大老教授夫妇，相互搀扶着在我们准备的杭州地图上，密密麻麻标记着他们觉得这个城市好的或者体验感差的地方，提出对于这个城市最朴素的建议与期待；年龄最小的是一位来自下沙的11岁小学生，他希望"2050的杭州依然有青山绿水，十几分钟就能通过磁悬浮列车从上海闹市到杭州的中心。在下沙对岸的大江东，建造了可以飞向全球的最大的机场，很多家庭都拥有了自己的小型飞行器"。

如今，随着互联网经济的快速发展，来自全国各地的"新杭州人"纷纷涌入这个历史与未来交融的城市，开拓、务实、创新、进取成为新杭州人的气质，狼性的企业文化在激情与压力下得到放大，"抢人、抢货、抢钱""宁愿累死自己，也要超过同行"等标语，在创业阶段的互联网企业墙壁上随处可见，见证了一个特殊时代里，新杭州人的冒险与进取。但回过头来看，这样的激进，也或多或少给这个城市埋下了一些隐患。

在2018年的一个午后，我们根据约定的时间来到未来科技城。层层关卡进了传说中的阿里巴巴总部，和阿里云某团队的重要负责人聊了许多关于他们企业和创业的感受。安家在上海的他，每周都往返于沪杭之间，而像他这样的"双城记"员工，在阿里并不算少数。

"还是觉得杭州有新的机会吧。之前在微软中国工作，但感觉有点太安逸了，怕自己过早进入舒适区。还是想有点新机会，也想为中年的自己找到另一种可能。"

当他来到这后，也体会到了这里的快节奏和压力，"我们根本想不到后天，甚至明天都想不清楚，感觉做好今天，就是一步步走向明天的最好保证"。他们的团队，在这年也准备大力招人，人数需要翻番。"都是新的挑战，需要人。不过在未来科技城周边，还是很容易找到有技术又志同道合的人。这里鼓励创业文化，需要有狼性的人才，压力确实很大……但也乐在其中吧。"他捧着咖啡杯，笑道。

离开的时候，已是晚上7点。我们身后的总部大楼，灯火通明。对他们来说，真正的战斗，似乎才刚刚开始。

城市基因与城市发展

城市历史基因确实是个神奇的存在，它一定程度上决定了城市长期以来发展的模式与逻辑。"东南形胜，三吴都会"是对国都时期杭州辉煌的最好诠释。自古钱塘的繁华主要体现在"市列珠玑，户盈罗绮，竞豪奢"的商业消费，以及"羌管弄晴，菱歌泛夜"等生活休闲功能，这与杭州一度作为都城有不可分割的关系。而相比之下，这个时期的苏州"郡城之东皆习机业"[①]"各省青蓝布匹，俱在此地购买"；宁波的造船"震慑夷狄，超冠古今"，港口亦是桅樯林立、千帆竞渡。可见，这些城市的基因里有更多的工业和贸易的基础，这也是苏甬等地在工业化发展阶段更为适应并持续领先的重要因素。

工业化时期的杭州，竞争优势并不突出，许多指标一度落后于南京、苏州、宁波等地，随着长三角北翼的苏、锡等城市率先与国际经济体系接轨，杭州在先进制造业方

① 《古今图书集成·职方典》，卷676，苏州府部，苏州府，"风俗"。

面发展尤为落后。当时，以民营企业为主导的杭州，中小企业量多而散，产业结构不完整，缺乏龙头企业，科技创新实力弱 [1]，发展方向困难重重。尤其是在2000年左右，处于历史新时期的杭州，外部面临上海、苏州、南京等城市的挑战，内部又面临萧山、余杭撤市设区，对未来发展方向陷入迷惘。在这一背景下，危机中的杭州组织编制了第一版城市发展战略，提出了建构人间新天堂的目标愿景，也重点提出了战略性转变的产业转型路径，包括产业体系从垂直分工到水平分工；产业性质从综合型到特色化；产业功能从生产中心到资源配置中心；产业组织从碎石型到规模集群。规划也提出了整合都市空间，跨江发展的思路，为当时杭州的发展指明了方向。

然而，到了后工业化时期，过于依托资金密集产业和劳动密集型产业的规模化经济逐渐开始走下坡路，基于内生动力的创新发展成为新的方向。在这一背景下，杭州迎来了新的机遇。互联网经济时代，知识创新的力量日益凸显，杭州把握住了新经济的机会，重新挖掘了其骨子里对

---

① 何鹤鸣，张京祥，崔功豪.城市发展战略规划的"不变"与"变"——基于杭州战略规划（2001）的回顾与思考[J].城市规划学刊，2019（01）：60-67.

于新时期商业、生活方式等面向消费端的敏感和优势，无论是阿里巴巴"让天下没有难做的生意"，还是各式琳琅满目的互联网新兴企业和APP，以优化人们生活方式、休闲方式、工作方式等的模式创新在杭州得到了最大程度的发挥，杭州成为数字经济时代的佼佼者。

可见，城市发展既有很大程度的偶然性，也有一定的必然性。遵循城市发展规律，彰显城市的文化基因，找到自身发展路径的杭州，又一次站到了历史的潮头。在这样时期的城市发展战略，找到适合城市发展的模式很重要。

知识创新时代城市的战略求解

在杭州所见、所闻、所感的一切，无论是对未来城市的初体验，还是对于国际化和创新模式的辩证认识，抑或是对于杭州人、杭州山水的多面认识，都让我们深深感受到新时代城市发展的不一样的气息。这也让我们认识到，新的阶段，以人才为依托，以创新为主要驱动力，以知识经济与数字经济为标志的社会经济发展形态开始逐步形成。

面向未来，知识–创新时代的城市发展逻辑面临两大转变：一是发展动能从外力驱动转向内外并举，创新成为内源动力，区域发展从零和博弈走向共赢，链接全球的平台城市逐步兴起；二是空间价值从中心城市转向全域共赢，人的作用日益突出，后工业时代魅力地区价值不断凸显，面向全要素的联盟城市成为方向。这成为知识–创新时代城市发展的重点，也意味着城市从工业化时代转向知识–创新时代城市战略的范式转型。

在此背景下，本轮战略围绕建设"独特韵味别样精彩的世界名城"目标，聚焦创新驱动与魅力塑造两条线索，建设创新城市、平台城市、魅力城市、联盟城市，探索知识创新时代城市发展的新路径。

创新之城：5km创新圈与迭代的创新链

随着创新要素的不断集聚，杭州已形成了特色鲜明的创新圈现象，企业、机构、人才与地区创新源头往往都集聚在一定尺度的空间内，正如阿里巴巴员工在访谈中所说，"不会离开阿里周边5km，不然随时被信息屏蔽；创新灵感需要随时地面对面交流"。面向未来，"对风口敏锐性，供应链的敏捷性、成本的敏感性[1]"成为影响城市

---

[1] 彼得·德鲁克.创新与企业家精神[M].蔡文燕译.北京：机械工业出版社，2007.

创新可持续的重要方面，也是我们认为杭州需要进一步关注的重点。

1.以创新圈提升对风口的敏锐性

研究发现以"新四军 [①]"为主体的杭州创新人才呈现典型的"5km创新圈 [②]"集聚特征。所谓创新圈，指的是围绕一个创新核（可能是学校或者大型公司），中小企业及机构人才在周边5km左右范围内积聚的现象，是比较典型的正外部性的集聚经济特点。比较典型的如围绕阿里巴巴、浙江大学的创新圈等，因为"近距离围绕创新圈能够快速了解风口的最新动态、科技的前沿动向，并快速反应和应对"。

顺应这一趋势，新一轮杭州2050战略提出在全市构筑十余个5km左右的创新圈，作为杭州未来实现创新动力多元化和可持续的重要载体。引导创新企业、人才及服务设施等要素向创新圈集聚，结合创新圈要素禀赋差异，分为"自主创新型、国际开放型、区域创新转化型、文化艺术型"四类进行差异化引导。规划的创新圈从核心创新设施、

---

① 指阿里系、浙大系、海归系和浙商系四大创新创业人群。
② 如阿里系围绕阿里巴巴主要集聚于未来科技城周边的板块；浙江大系围绕浙江大学，主要集聚于西湖、西溪周边等。

独特生活环境、高性价比共享空间等方面明确定量与定性
的责任清单，提供便捷、共享、包容、低成本的创新服务。
同时关注城市街巷创新活力和潜力，激活主城区内存量创
新街道，全市构建"十圈百巷"的全域创新格局。

杭州创新圈指引　　　　　　表4-1

	创新圈名称	创新圈指引
自主创新型	滨江创新圈、环浙大创新圈、未来科技城创新圈、青山湖创新圈、临安创新圈	重点引入大学、高水平科研院所等平台，培育国家实验室，预留大科学装置，推动园区、校区、社区联动
国际开放型	下沙创新圈、大江东创新圈、空港创新圈	重点引入世界500强设立区域总部，建设国际合作园，申建自贸区，完善国际设施，打造国际平台
区域创新转化型	临平创新圈、城北创新圈、萧山创新圈	重点建设创新服务空间，提供低成本空间，为省内城市创新服务与转化提供平台载体，设立地市合作办，共建省市合作研发中心
文化艺术型	富阳、之江	重点提供多样化创新创意空间，培育文化创意氛围，大力吸引大师办公室、创意机构与团体入驻

资料来源：中国城市规划设计研究院，《杭州城市发展战略研究2050》

2.以创新链强化区域供应链的敏捷性

尽管杭州在C端驱动下的模式创新优势突出，但制造
环节的相对缺失导致当前快速反应的供应链体系尚未形
成。为了进一步强化城市内生发展动力，新一轮战略提出
构建"全球科技–杭州孵化–杭州中试–都市圈制造"的区

域供应链体系，大力引入全球科技，强化杭州孵化能力。尤其重点补足中试环节，推动在杭州都市圈形成完整且能快速反应的生产供应链条，强化与上海、宁波、苏州等城市的密切合作。在空间上，对内实现创新圈的融合发展，对外推进产业链、供应链与价值链的廊道联动，打造沪杭装备科技、杭甬高端装备、杭黄文创数字、杭武数字信息四条都市圈创新产业链，推动杭州与区域产业的联动。

3. 守住工业用地底线，降低成本的敏感性

维持创新的可持续性的另一个重要因素，就是需要在城市中为创新企业与创新人才预留一定的低成本空间，给它们可以试错的土壤与扶持机制。基于此，我们结合未来产业用地需求，提出在全市锁定约 $300km^2$ 的产业用地底线，通过"聚一批、留一批、退一批"策略，为创新创业预留低成本空间。

平台城市：虚与实的链接

实体链接是未来城市全球互通的基础，决定了城市在世界网络中的地位；与此同时，随着互联网和信息经济的兴起，在以互联网为核心的虚拟供应链协作生态系统中，平台经济体的作用也日益突显。杭州以其特有的输出

型国际化模式亮相于世界舞台，如何更好搭建全球平台、链接全球对杭州而言尤为重要。

1.实体链接：让基础设施直联直通

世界已进入靠基础设施连接成一体的超全球化时代，基础设施的连通程度决定了城市未来在全球网络的地位与价值。为了补足杭州在硬件基础设施中的短板，本轮战略提出要从全球和区域两个扇面强化互联互通水平。面向全球，重点打造高品质的国际化萧山机场，全面提升航空运输能力和国际旅客数量，增加跨境通航城市数量，开通跨境杭州货运专线，打造高品质的国际化空港地区，强化国际航空中心（为航）、自贸区（为货）、国际化创新平台（为人）的综合服务功能建设。面向区域，重点在于加强

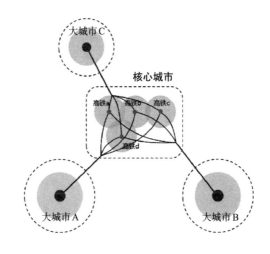

图4-2 区域性高铁与周边直连直通模式图
资料来源：中国城市规划设计研究院，《杭州城市发展战略研究2050》

杭州的区域交通的直连直通能力，通过打造沪杭、杭甬高铁复合走廊，预留沪杭超高速、杭甬二通道，推动枢纽互联互通。通过建设六大城市主枢纽，环线组织十大高铁网络，实现城市所有板块与区域的便捷联系。

2.虚拟链接：做平台化城市的领导者

当然坚实的实体链接离不开柔性的虚拟链接的支撑与保障。在大多城市以更加扁平化的姿态接入到全球城市网络的时代趋势下，应当充分发挥杭州在数字经济和互联网中的技术枢纽作用，突出其在平台经济时代的枢纽再集聚中的引领地位。一方面，要预留好国际平台空间，搭建国际文化交往、国际产业合作、国际旅游休闲、国际金融贸易、国际体育赛事等多元化平台，大力吸引国际化人才、机构、企业等要素集聚；另一方面，以互联网为依托，构建资金流–商务流–货物流线上线下联动的供应链平台，突出杭州"数字经济"领航地位，优化营商环境，打造杭州成为全球"平台化城市"（platformcity）领导者。

魅力之城：人与自然的对话

在过去的发展中，杭州开创了生态型地区魅力发展的新模式，但当前城市建设中也面临山水特色与发展之间的平衡被打破的挑战。新一轮战略中，提出打造"天人合一，愉悦体验的魅力城市"战略，通过严格保护生态格局、彰显人文风景链、营造魅力圈等举措，展现杭州山水融城的"独特韵味"，实现人与自然的和谐共生。

1.守护自然山水家园，突显生态空间价值

生态方面，首先要保护好自然山水的家园。在识别了以"一核四区六绿楔"的市域核心生态格局为保护核心骨架的基础上，突出了千岛湖在区域生态的核心地位，现时锚固并提升城市一直以来的六大绿楔。在对水环境的保护上，通过净水、复绿、护岛洲等举措，形成"一江九湖十二支"的蓝色网络，全面提升水质。在城市中，通过打造公园之城，全市建设39座郊野公园，实现人在园中，城园相融；通过拥江、秀湖、显湿地，形成多样化的绿色网络，实现90%市民能够10min见水，10min见绿。

2.围绕"一江一河一古道"，建设人文风景链

人文方面，以钱塘江、京杭大运河、杭徽古道为脉，统筹市域山水历史人文资源，建设世界级的人文风景链。一是贯通绿道，突出钱塘江、大运河、杭徽古道"三链"，千岛湖环湖、绕城绿道"两环"，北苕溪、上塘河、浦阳江、分水江、兰江"五线"，建设总长约1200～1500km

的骨干绿道网络；二是突出全域遗产保护，划定市域九大文化保护区；织补"破碎化"的历史资源点，串联文化旅游线路；三是寻找记忆中的乡愁，沿溪沿谷沿路划定16片特色村区，建设100个精品村落。

3.建设生态人文新经济多元融合的魅力圈

同时，为了将生态人文要素与规划管控相衔接，规划结合自然山水、历史文化、乡村聚落等要素，在全市范围内划定十大片魅力圈，围绕魅力圈建设等市级标志性生态工程，实现生态人文新经济融合发展。并且通过刚性弹性结合的建设导则，对魅力圈的功能和建设提供指引：功能上加强引导，通过吸引具共同价值观的人群、举办相关活动增加活力；植入文化艺术创新等新经济功能增加动力；提升山水品质与文化品位增加魅力。建设上强化管控，开发强度控制在30%以内，组团规模不超过4km^2，严格控制建筑高度，并注重突出杭派风韵的建筑体量与风貌引导。

联盟城市：找到城市的朋友圈

当前杭州各组团的内部通勤占比高达70%～80%，这种职住相对平衡的空间组织在特大城市中独树一帜。为了发挥这种平衡的空间优势，建设更高效有序的城市，规划提出从三个层面建设联盟城市。

1.长三角层面：共建沪杭全球城市区域

当前杭州与上海的新经济空间联系已居长三角首位[①]，在长三角区域一体化上升为国家战略背景下，如何做好沪杭联动是引领长三角高质量一体化发展的重要命题。从长三角层面，一方面要加强区域生态协同，通过共建环杭州湾、太湖-淀山湖以及千岛湖-黄山三大区域性生态魅力区，突出生态文明时代的发展新思路，倒逼产业转型升级；另一方面，要加强功能协同，唱好沪杭、杭甬两个双城记，突出杭州在数字经济、创新创业及国际交往等方面的专业化优势，打造特色型的全球城市。同时，还应加强空间协同，突出资源要素向钱塘新区、大城西等区域性战略性空间的投放与集聚。

2.大都市圈层面：推动杭州都市圈腹地一体化

在国内国际双循环背景下，都市圈作为产业链与创新链的基本空间单元，成为引领区域参与全球竞争的重要单元。因此未来杭州也应该从区域联动的视角出发，找到紧密关联、优势互补、有力支撑的"朋友圈"。规划在原

---

① 资料来源：中国城市规划设计研究院《长三角巨型城市区域研究》课题。

有由杭州、嘉兴、湖州、绍兴构成的"杭州都市区"基础
上，综合考虑地理邻近、生态相接、文化相通、联系紧密
等因素，将与杭州紧密联系的金华及生态保育一体的衢州
等地纳入，形成包含杭州、嘉兴、湖州、绍兴、金华、衢
州在内的"1+5"杭州大都市圈紧密腹地。在功能空间上，
构建多廊道多中心都市圈空间格局，以"四主四辅"的区
域性廊道联动周边，形成网络化、扁平化的杭州都市圈功
能体系；在蓝绿网络方面，突出与区域之间的共保共建，
形成三级蓝网、三类绿道和六大区域魅力片区；同时，
进一步关注跨界协同，识别出生态型和功能型两大类别的
跨界地区，强化跨界一体化，促进区域协同。

3.市域层面：构建组团联盟的空间格局

市域内部，统筹创新圈、魅力圈与城镇圈，建设多
中心组团式的市域联盟。以"一主四片三副城"融合创新
圈与魅力圈，承载核心城市功能。其中主城区强调拥江联
动、跨江发展，提升品质与活力；四大主城片区，作为
未来城市人口与战略性功能的重要承载区，推动空间优化
与新功能培育。以城镇圈和特色村区统筹城乡发展，实现
人与自然和谐共生。同时以更加开放的姿态，构建"4+2"
区域生长廊道，引导人口、建设用地、各类经济要素向廊

道集中，承接区域发展势能、承担辐射区域责任。最终通过"四圈联动"，整合创新城市、魅力城市和平台城市，建设全域联盟城市。

未来已来，我们还能做点什么

杭州，精彩依旧

杭州战略已经做完近三年了，而我们对杭州的关注一直在持续。

2017年我们在互联网企业中看到以人才为中心的战略，已经明显地反映到了近年人口增长数据中。大力的招贤引才使得近五年，杭州人口增长全面领跑长三角。尤其在2019年，常住人口年增量已达51万，高居全国榜首，成为最受海归人才和大学生欢迎的城市。在"人才就是第一生产力"的理念影响下，杭州毫无疑问是这场抢人大战的赢家。

与此同时，我们也看到这些年杭州在补短板中的努力。通过"名校名院名所"三名工程补足科技创新短板，西湖大学、之江实验室、达摩学院等机构纷纷在杭设立。通过区划调整和工业用地支撑补足实体经济的短板，下沙与大江东合并设立钱塘新区，城东智造走廊全面升级；

新冠疫情后，杭州又迅速盘整出全市 $45km^2$ 的工业用地，以不高于长三角同类城市均价的水平向全球招商，为全面提升城市实体经济实力作支撑。同时，国际空港、杭州西站，城市快线令城市直联直通能力不断加强，国际链接水平不断提升。而人与自然交融再生，也从西湖边走向全市域，大城西通过"湿地湖链、趣街客厅"诠释了"生态+"与城市的绝妙融合。

在这里，"最多跑一次"不是空话，是一个城市文明与治理能力的全面折射；未来城市不是空想，是通过一个个"未来科技城""未来社区""未来实践区"的探索走向现实。

江南自古繁华地，有时候，优秀是一种习惯。

面向未来的"冷"思考

杭州的优秀无可争议，无论是线上还是线下，对于杭州这个城市的褒誉远多过于批评。但是结合这些年在长三角，甚至更大区域的城市发展实践来看，对杭州的长远发展依然需要一些冷思考。

早在2018年2月杭州战略召开国内专家研讨会的时候，崔功豪先生就提出应当从未来城市的价值取向来关注杭州发展的持续性靠什么？李晓江先生也提出，一方面我们需要重新定义数字经济和人工智能的影响，另一方面杭州的创新也需要警惕资本盛宴的风险，关注实体经济产品的生产。前辈们对于杭州城市发展的理性思考在现在看来尤为重要。

从笔者近些年对于长三角发展及创新走廊发展的研究比较中，也证实了当前杭州光鲜亮丽的背后，也有许多不足。对比沪宁、沪杭这两条长三角核心廊道，可以看到，依托实体制造业发展的沪宁城市走廊无论是从创新要素、高新技术企业，还是创新的产出等方面，都显著成熟并优于沪杭廊道。以苏锡常为代表的沪宁廊道核心城市，这些年在实体制造上的强化，在 TOB 类创新培育中的投入，在面向产学研一体化和高新技术的扶持中，都下足了功夫，成绩也有目共睹。包括南京，在经历多年迷茫之后，其坚持技术创新的引领方向，也在今年疫情后的各大城市发展中，交出了一份不一样的答卷。

相比之下，杭州尽管这些年得到创新人才与资本的全面青睐，但城市周边缺乏高技术实体制造业的支撑，从一定程度上也会带来城市远景发展的泡沫与面向未来的不确定性。放眼全球，那些持续领先的全球城市区域中，除了在生产服务等服务业方面的领先与控制之外，核心城市与周边地区顶尖的创新研发实力、强大的创新转化力、世界级的制造能级都是其长久屹立于全球城市体系塔尖的不绝动力。如何将创新与城市面向未来的发展结合，如何引领腹地的全面提升进而实现共赢是杭州未来发展的重点。

战略的回归

做杭州战略的过程既是研究杭州、规划杭州的过程，更是我们体验杭州、学习杭州的过程。杭州2050远景战略规划是杭州编制的第二版战略规划，在杭州处于城市能级的重要蝶变期背景下开展：一方面随着互联网经济的快速发展，以阿里巴巴为代表的数字经济蓬勃发展，杭州创新人才、企业、资本不断集聚，成为新一线城市的翘楚；但另一方面，面向未来更高质量发展要求，杭州也面临着腹地带动偏弱、创新发展可持续性有风险、设施服务有缺口、城市特色空间格局受破坏等挑战。因此如何辩证看待城市发展的优势与挑战，探索经济社会新背景和知识经济时代新要求下城市发展的战略方向显得十分重要。

本轮战略围绕世界视野、中国样本与杭州韵味三大线索，提出"链接全球、辐射区域的中心城市，蓬勃成长、富有活力的创新城市，天人合一、愉悦体验的魅力城市"三大发展策略；并以此为基础，构建山水交融的自然山水格局、都市联盟的社会治理格局和廊道生长的空间生长格局。通过对创新、文化、魅力等多方转型的关注，体现了知识经济时代多元理性视角下对城市发展方式与空间供给模式的新探索。

战略规划经历了两轮风潮，逐步走向理性和多元。回归到"人"这一战略规划的本质。对于一个城市而言，从竞争力到可持续，战略的重点其实越来越模糊。在杭州，我们发现其实很多好的地方、美的地方，并不一定是通过规划出来的，或者说规划在其中的作用并不如想象中的明显，比如西湖、青芝坞、西溪等。更多的影响角色是市场，是人，是机制，是城市的基因。在这个基础上，我们也在思考，规划到底能给这样一座城市带来什么？规划师的角色是什么？

或许规划更重要的是提供一种好的机制，让在这里的人、企业、创新发挥好最大程度的活力，然后守好一定的底线，把更多的事交给市场与人民，为他们的发展、生产、生活提供好的保障，或许是未来的重点。

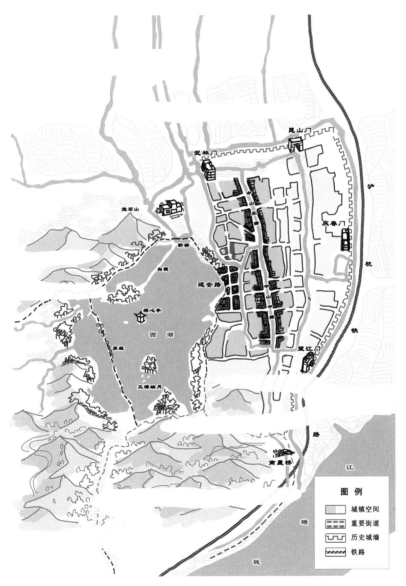

彩图 4-1　杭州市历史城区示意图

资料来源：李国维绘

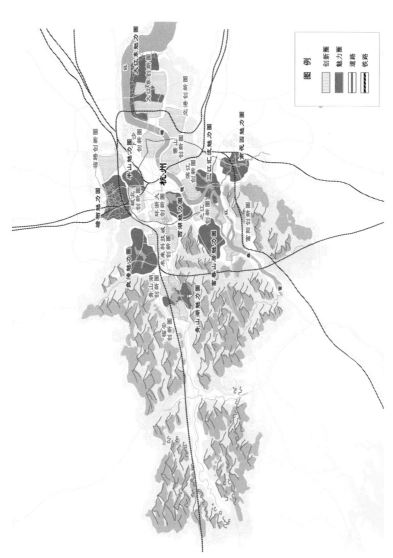

彩图 4-2 杭州市区创新圈/魅力圈布局示意

资料来源：李国维，据《杭州城市发展战略研究 2050》绘

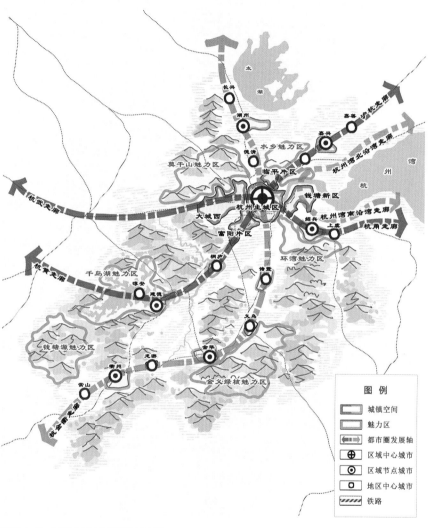

彩图 4-3 杭州都市圈空间结构示意图

资料来源：李国维，据《杭州城市发展战略研究2050》绘

彩图 4-4 杭州城市空间意向图

资料来源：李国维，据《杭州城市发展战略研究 2050》绘

第 5 章
CHAPTER 5

大连：
更高效对流与更紧凑发展

‖ 追求更美好的城市 ‖

武汉 / 上海 / 杭州 / 大连 / 天津 / 十堰

这就是大连

大连，一座位于东北却又不太"东北"的城市

1.神奇的北纬39°

北纬39°，寒暑交界，气候宜人，是一个富饶且神秘的地带。在世界地图上沿着这条线看过去，你会发现许多著名城市：北京、纽约、芝加哥、罗马、马德里等；以及许多著名的海洋美景：日本海、里海、地中海、爱琴海等。当浩瀚的渤海与黄海在北纬39°相遇，就孕育出大连这一方美丽且神奇的土地。

大连的气候是南温带半湿润大陆性季风气候，四季分明，冬无严寒，夏无酷暑，一度蝉联"全国最佳避暑城市"之首。这里也是北国空气质量最优的城市，一年空气优良天数在300天以上，这在深受雾霾困扰的中国北方，显得尤为可贵。

尽管在空间上属于东北地区，但在东北人的眼里，山海关以南就是"南方"，而大连恰在山海关以南，加上滨海城市的独特风景与气质，又有时尚浪漫的大连人的加持，于是大连常常被认为是"最不东北"的东北城市。仔

细品读大连，你会发现她既有东北城市的豪爽大气，又有南方城市的精致时尚。

2.得天独厚的海滨之城

大连是一个可以用心去看海的地方。城市三面环海，蜿蜒2200多km的海岸线，在全国绝无仅有，长度居全国之首。这里的海与南国细沙绵绵的海滩不太一样，独特的构造剥蚀地貌，让这里的岸线天然曲折多湾，且以石质为主，岛屿密布，潮间狭窄，坡陡水深流急，让这里的海有一种惊涛拍岸的大气磅礴。沿着近40km长的盘山傍海的滨海路漫步，海之韵公园、棒槌岛、老虎滩、星海广场一一略过眼底，一路与绿树海景相遇，会让人有一种行走在南国海滨城市的错觉。

作为世界上公认的最适宜海洋生物生长的纬度，这里海水盐度偏高，海水年平均最高温度为28℃，最低温度为1℃；黄渤两海差异化的海域自然条件，让这里成为海洋生物生长繁衍的天堂。大连市虾夷扇贝年产量达20余万t，占全国90%；海参产量也占全国的半壁江山。

3.流淌在城市空间中的时间

除了得天独厚的自然美景外，大连更具魅力的地方在于她的城区。100多年前，一批对法国文化情有独钟的沙俄工程师揣着巴黎的城建图纸来到这里，希望在这块远东的土地上再造一个"东方巴黎"，给她起名"达里尼"，意为"远方"，因此有了音译为汉语的"大连"。可以说，全国很难再找到另一个城市，有如大连老城区这般保存完整而又有特色的城市空间肌理。环形放射路网奠定了老城区的基本骨架，串联起了以中山广场为代表的100多个有故事的广场；环绕着广场街道，古罗马柱式建筑、穹顶建筑、俄罗斯尖式建筑、巴洛克式建筑、拜占庭式建筑，与日式小洋楼、中式古典建筑相互呼应，鳞次栉比；沿着老街一排排参天古树掩映着日式、欧式、俄式等建筑群，讲述着这个城市曾经的热闹与辉煌。"大厦筑万间，雕墙过数仞"，这里封存着大连属于那个时代的记忆，而"洋气"是其中毋庸置疑的关键词。走在大连的街头，仿佛置身欧洲，又像走进一个露天的建筑艺术博物馆。难怪沈从文在游览大连后，在寄予张兆和的信中不禁感慨道："新中国的城市建设要想达到这个水平，恐怕过半个世纪也不容易。"

时代给这座城市留下了独特的烙印，洒落在街头巷尾每个角落，也印刻在每个大连人的记忆中。城市规划的神奇与迷人之处，就在于能将胸怀中的理想，画笔上的图景，篆刻到城市人们生活过的一方土地上，用空间凝固时间，以时间雕琢空间。

4. 时尚浪漫的城市气质

大连的美，还体现时尚浪漫的城市气质中。早在20世纪，大连人就以时髦、爱穿、敢穿而闻名全国。民谚"料子裤子，苞米面肚子"，是典型的大连市民自画像，意即穿得好吃得差，把钱都花在穿上了。这点我们在城市调研中感受尤为明显，无论是行走在大连街头，还是在访谈踏勘中，遇到美女的频率都远高于其他城市，"美女多、会打扮、爱时尚"是这个城市给我们的一个很深的印象。这种骨子里的爱美、浪漫的情结，让大连一度成为国内时尚潮流的引领者。"这是一个用服装表达心情，用足球塑造性格，用浪漫装点生活，用巨轮承载雄心的城市，她的每一次亮相总是携手时尚，她的每一次出场总是彰显力量。"这是2004年CCTV最具经济活力城市给大连的颁奖词，很形象地描绘了大连特有的城市气质。

这种时尚、活力的气息，映衬在依山傍海的城市风光中，让浪漫之都的名号声名远扬。所以，一百多年前康有为在到访大连后就赋诗曰："徒观其气象，巨丽压百郡。"康公曾周游东西洋三十多个国家和地区，见多识广，出自他口中的"巨丽压百郡",是对大连之美的极高赞誉。

开放与创新之城

除了自然人文之美外,大连的美更在于开放融合。可以说,大连是个因开放而生,因开放而兴的城市。

1899年,大连开埠建市,依靠自由贸易港首次走向繁荣。沙俄殖民当局参考巴黎城市形态,按照世界级大港的标准编制了大连历史上的第一版城市总体规划,目标是将大连建设成连接欧亚大陆的水陆交通枢纽,并首次宣布大连为自由贸易港。日俄战争后,日本接管大连,当局共编制了两版城市总体规划,用方格路网延续放射路网线。1919年,大连编制《大连市街扩张规划》,城市范围扩张到今机车厂及香炉礁地区。港口的开发带动了城市空间的扩张和人口的集聚,截至1925年大连城市人口达到了20万人。

改革开放后,大连依靠主动接纳外资再次创造辉煌,成为中国走向世界舞台的耀眼明珠。1984年,大连建成了全国第一个国家级开发区,被批准成为计划单列城市,并成为首批沿海开放城市。同期大连被赋予一系列引进外资的优惠政策,加之先天的区位优势,吸引了大量日韩资本，开启了经济快速增长的步伐。1992–2002年的10年间，大连GDP总量由270亿元增长至1334亿元。2005年，纽约时报评论"大连是中国硅谷"，足见大连在全国的领先地位。除了在经济领域取得的巨大成就，大连也积极引入国际服装节、国际啤酒节、夏季达沃斯等大型活动，持续不断地在国际舞台上发出中国声音。

近代以来的开放基因，一直融入城市近百年发展的血液中。多国文化的融合交织，让大连开放有传统，浪漫有因缘。甚至大连的足球文化能够早于其他城市，也是得益于对外开放的影响。直到今日，大连在众多国际榜单中一直名列前茅，其中全球金融中心指数排名国内第6，仅次于港北上深台。同时，大连是日本企业在环渤海地区布局的第一选择，也是国内与日本经济、人员联系最紧密的城市之一。

此外，作为我国重要的工业基地，大连承载着"共和国长子"的荣耀，创造过多项共和国第一。这里是中国机车摇篮、中国轴承摇篮，生产出第一艘万吨轮、第一艘潜艇、第一艘导弹驱逐舰、第一艘航空母舰等。大连也曾是东北亚软件和信息服务的佼佼者，在20世纪初大连全方位接纳国际软件销售和信息服务业的外包业务，一度被誉为"中国硅谷"。如今，大连的产业发展依旧延续了过往的优势，石化、装备等产业在大连始终占据主导地位，在全国层面也具有较强影响力。

强大的制造实力既源于又反作用于大连的创新水平，近年来，大连创新平台不断集聚，影响力也不可小觑。全市拥有5个国家级重点实验室、4个国家工程技术研究中心、30所普通高等学校以及9所一本院校。如大连化学物理研究所（以下简称"大连化物所"）的分子反应动力学、催化领域国内领先；大连理工大学的工业装备与结构分析国家重点实验室是国防科研和航空航天事业的重要支撑，精细化工国家重点实验室则在染料技术上打破了国外技术垄断。这些硬核创新支撑起了大连自主可控的产业体系，也推动着城市不断向前。

大连之困局：起起伏伏三十年

从历史中走来的大连，似乎自带着光环，在20世纪八九十年代，甚至21世纪初期，她的发展都顺风顺水。但在近年来，大连的发展似乎遇到了很大的瓶颈。

1.新一线城市榜单的落榜者

2013年《第一财经周刊》首次提出了"新一线城市"

的概念，通过品牌商业数据，互联网公司数据等大数据对全国300多个地级城市进行排名，并于2016年后形成一年一度的"城市商业魅力排行榜"，其中前15位城市被称为"新一线城市"，意为继北上广深四大一线城市后的佼佼者。从历年榜单中可以看到，大连在2017年前都榜上有名，2016年位列11位，2017年13位，而到了2018年开始，在前15位的城市中就已经看不到大连的身影，取而代之的是后来居上的东莞、佛山、合肥等城市。

这种地位的下降在城市生产总值（GDP）的排名变化中也表现得很明显。2005年以前，大连在全国GDP的排名中都在15位以前，1980年左右甚至一度跻身前十。但从2010年后，大连的排名也不断下降，2017年后已经位列20名开外。排名的跌落，更多是一种表象，真正困扰大连的，是近年来城市在区域中地位的尴尬和发展动力的瓶颈。

2. 没有一个城市可以是一座孤岛

约翰·多恩曾经说过"没有人是一座孤岛"，对于城市来说，亦是如此。尤其是在全球化时代，一个城市与其他城市之间的联系，代表了这个城市在全国甚至全球网络的分工和价值。对于大连而言，她曾经是国际国内联系的重要枢纽，近年来在区域中的网络价值却不断弱化。例如，以企业总部–分支关联 [1] 强度来表征城市之间经济联系的强弱，可以看到：第一梯队为北上深广4个一线城市，关联值在10万以上；第二梯队为青岛、宁波、无锡、沈阳等城市，关联值在3～10万；第三梯队才是长春、南通、大连等城市，其中大连的全国总关联值为24298条，在全国排名第31位。相比环渤海地区的青岛（排名全国第18）、沈阳（排名全国第25），大连总体排名靠后。可见，在与全国城市的联系中，大连的总联系强度并不高。这点在大连与北上广深4个一线城市的联系中表现得尤为明显，比较天津、济南、青岛、沈阳、大连等5个环渤海城市与北上广深的企业关联度，可以看到大连与北京、广州、深圳的关联度 [2] 排名都位于5个城市末位，与上海的关联度也仅排名第3。一般而言，与北上广深等一线城市的联系反映了这个城市在全国经济网络中的地位，很显然，大连

[1] 企业总部–分支关联是两两城市之间的总分企业数量的标准值（即某对城市之间的总分企业数量与统计区内两两城市之间最大总分企业关联数的比值）；某城市关联度是指此城市与统计区域内其他所有城市的关联值之和的标准值（即某城市总关联值与统计区域内城市最大总关联值的比值）。

[2] 关联度：基于国家工商总局的企业数据，主要围绕企业总部–分支数量计算城市间联系数量。

的网络关联地位即使是在环渤海地区也总体偏弱。

而从关联的内部构成来看，近域腹地的缺失是大连区域联系偏弱的重要因素。一方面，大连在东北地区的区域辐射力并不凸显。传统一般认为大连是东北重要的中心城市，但从东北各城市总关联度排名来看，大连仅处于第二梯队，明显弱于沈阳、长春、哈尔滨3座省会城市，关联值不足长春、沈阳的一半，并未拥有较强的东北腹地。另一方面，大连的省内腹地更是明显不足。与沈阳、青岛、宁波、厦门等环渤海及沿海城市相比，大连的省内关联度占比仅为23%（即省内关联占总关联度的比重），而上述4个城市分别为36%、43%、44%、42%，拥有较紧密的省内腹地。比较环渤海四大城市与全国地级市关联值的前

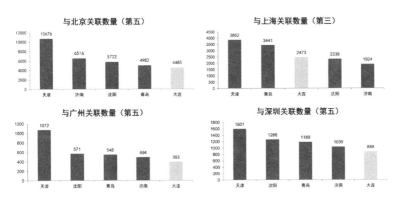

图5-1 环渤海区域主要城市与北上广深关联数量排名（2017年数据）
资料来源：中国城市规划设计研究院，《大连2049愿景规划》

50位分布情况可以发现，大连300km范围内城市关联值仅占10%，而青岛、沈阳分别高达30%、31%。

总体上看，总关联度的偏低说明大连在全国网络中的地位偏弱，而近域腹地的缺失更是让大连有如区域中的一座孤岛，缺乏周边城市的支撑与联系。国际联系强于国内联系是大连的特点。在互联互通的时代，城市越来越需要与外围进行紧密的联系。尽管大连在国际化联系上有一定优势，但随着"国内循环"作用不断强化，如何变孤岛为枢纽平台，既强化国际联系，又补足国内联系，在双循环的背景下显得尤为重要。

3.留不下的企业，留不住的人才

大连的困惑同样体现在产业上。这个曾经创造出众多共和国第一的工业强市，在近年来的产业发展中，步履似乎有所迟缓和沉重。一方面，曾经引以为傲的制造业不断往重型化发展，产业迭代升级慢。重工业从1990年占比63%，持续上升到2017年的81%，其中钢铁石化占制造业比重达1/3，在全国副省级以上城市排名第一。过于重化的产业结构也从一定程度制约了产业的迭代升级。当前大连石化、装备、船舶、电子等主导的产业占比一直在70%左右，相比深圳、青岛等地快速的产业迭代，大连产业的更新换代明显不足。另一方面，以重工业国企为主导的企业结构，也导致产业的活力不足。2011–2016年间，在全国企业数量增长16%的大趋势下，大连各类规模以上工业企业数量从2011年的2929家减少到2016年的1745家，减量40%。相比之下，同期其他几个环渤海城市中，青岛企业数量仅减少6%，而同处东北的沈阳，下降率也达到44%。尤其值得注意的是，减少的1184家企业当中，私营企业就有893家，占3/4。企业的用脚投票体现的是一个城市的产业吸引力和营商环境，而作为市场经济活力风向标的私营企业的增减，更是代表了一个城市的经济活力。很显然，和很多东北城市一样，2010年后大连的经济活力已经不如从前。

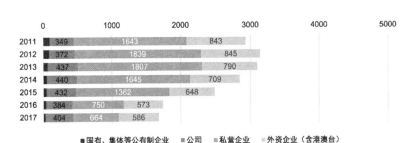

图5-2　大连各类规模以上工业企业构成变化
资料来源：中国城市规划设计研究院，《大连2049愿景规划》

民营企业不活跃一直是东北城市的通病，大连也没能摆脱。新中国成立初期社会主义工业建设奠定了很好的重工业基础，但由于迭代缓慢，资金密集型为主导的重型化国企构成了城市经济的主要支柱；改革开放后，大连又成为外资企业尤其是日韩企业投资的热土。由此大连形成了以国有企业和外资企业为主导的产业格局，两类企业占工业总产值的70%以上。可以说，大型国企和外企给大连带来了先进的生产力，也带动了大连几十年的繁荣。国企和外企的先进技术外溢，也带动了装备、电子等方面民营企业的发展。但是也必须认识到，民营企业在大连并不发达，这是导致大连产业活力下降的重要因素。

尽管如此，大连也存在很多有实力和情怀的本土民营企业。得益于几十年来大型国企和外资企业的先进技术水平的外溢，许多民营企业开始找到突破口自主做技术研发。光洋科技就是这样一家企业。花了15年做基础研发，现在已经是行业翘楚。又如位于大连经济开发区的几家本地企业，本土企业家追求工匠精神，愿意花时间打磨基础技术。在大连，像这样有创新精神的民营企业还很多，他们数十年如一日扎扎实实做基础研发，尽管利润不太丰厚，但却掌握了自主可控的技术，或者厚积薄发，等待技术成果的转化，或者低调前行，成为行业中的隐形冠军。

然而，过去的十几年，政策支持的重点都在于投资多、规模大且相对成熟的国企或者外资企业，而对于民营企业，尤其是中小型民营企业的支持远远不够。缺少本地政策的支持，使得许多拥有核心技术的民营企业，被沿海地区优厚的产业、税收、人才政策和相对优越的营商环境所吸引，并在当地主动积极招商甚至"挖墙脚"下，纷纷离开大连。在我们对中科院化物所的调研中，一位老师就说道，不久前，有位老师带领的40余人的研发团队，被沿海某城市园区整体挖走。这些处于技术研发转化初期的企业，没有立竿见影的产出效率，所以在大连往往得不到重视，但其发展潜力却被众多发达地区所青睐，技术成果远走他乡。

大连创新实力雄厚，拥有5个国家级重点实验室、4个国家工程技术研究中心，但创新在本地的转化明显不足。根据新华网2015年对辽宁科技成果的报道[①]，大连化物所在辽宁省内转移转化的数量和金额仅占10.78%和4%。据调研了解，辽宁是国有企业集聚的地区，由于体

----

① 新华网：辽宁科技成果外流调查：为何守着金饭碗要饭吃？

制机制等原因，企业和政府在与科研机构合作或购买科技成果时，最先考虑的往往不是合作或成果本身的实用性和潜在价值，而是将风险防范放到第一位，这样的营商环境让众多民营企业望而却步，也就导致文中所说"守着金饭碗要饭吃"的尴尬境地。

产业与创新发展的瓶颈进一步影响了城市的吸引力。20世纪八九十年代，大连曾经是全国最具吸引力的城市之一。东软集团的一位负责人在访谈中告诉我们，在20世纪八九十年代，大连软件园很容易招到全国TOP10名牌大学的毕业生，大连理工的毕业生则比比皆是。到了2000年左右，生源的重点就慢慢以一般的985和211高校为主，而到了2010年后，主要的生源就是东北、山东等普通高校，且招人难的问题越来越突出。以大连理工大学毕业生留连的情况来看，其本科毕业生留在大连的比例由2011年的27.0%下降到2017年的19.7%，研究生的比例由2011年的21.6%下降到2017年的16.7%。"人才政策不如沿海城市，工资水平偏低，成长空间不足"是毕业生不愿意留下的主要因素。

年轻人才的流失，让城市的人口结构越来越趋向老龄化。2015年，大连市65岁以上人口规模为92万人，占常住人口的13.2%，高于全国平均老龄化率1.8个百分点，高出国际标准① 6.2个百分点，在全国19个主要城市的老龄化率排名中位居第4位。不仅如此，大连老年人口占比逐年增长，2000年至2017年大连市60岁以上老年人口占比从8.3%增加到24%，远远超过2017年全国老龄化率（60岁以上）的16.6%。此外，优越的气候条件也让大连成为受东北人群欢迎的养老目的地。不断流失的年轻人和不断增长的老年人让城市的人口活力明显不足。与深圳、杭州等城市日益年轻化的人口结构相比，大连日益老龄化的人口结构，成为未来可持续发展的重要约束。

所以近些年大连城市人口增长减缓甚至停滞。2000年到2010的10年间，常住人口年均增长8万人，2010年至2015年间，年均增量降至6万人；而2015至2018年间，人口一直为699万人，没有增长。

人口红利与人才红利是一个城市得以可持续发展的关键。如何能够让这座曾经大家争先恐后想来的城市，重新恢复其吸引力，让更多的企业愿意留下来，让更多的人才

---

① 老龄化社会是指老年人口占总人口达到或超过一定的比例的人口结构模型。按照联合国的传统标准是一个地区60岁以上老人达到总人口的10%，新标准是65岁老人占总人口的7%，即视该地区为进入老龄化社会。

愿意在这工作与生活，才是这座城市面向未来的正确姿态。

4. 分散而又急于跨越发展的空间

尽管人口并没有多少增长，但是大连城市扩张的步伐却从未停下。2009年至2017年，大连市区范围（不含普兰店区）用地规模从2009年的575km²，增加到2017年的835km²，年均增长规模达到32.5km²/年，增幅45%。明显高于南京、青岛等城市的用地拓展速度。

城市的空间框架也不断拉大，当前新规划建设用地主要布局在距市中心30km以外的地区。金普新区、旅顺等距市中心都在40～60km，长兴岛、花园口等地直线距离更是在80km，乃至100km以上，新增用地空间距离远，产业无关联，造成了城市空间整体无序发展。按照各类新区、产业区规划拼合计算，距离市中心30km圈层外用地总量占市区规划用地总量的51%，很显然空间的粗放式扩张并没有带来城市发展的效率提升。

事实上，城市的空间发展是有一定的尺度规律的。纵观国内外特大城市，承载核心功能的中心城区范围，都在15km左右，这个尺度集聚了大量的核心城市功能，与大连同处滨海的青岛，其核心发展空间始终围绕半径15km圈层在布局和强化，与大连蔓延拓展式的空间布局方式形成鲜明反差。空间框架的过度拉大，从一定程度上也会加重投资的压力，导致政府负担过重，不利于未来的可持续发展。

随着城镇化发展进入下半场，增量扩张式发展模式逐渐式微，如何提升空间发展的质量和价值，成为城市发展的重点，因此如何寻找到大连最有价值的空间，找到适应于这类空间和城市气质的空间发展模式和方向，是本轮战略需要重点回答的问题。

寻路大连：如何重振辉煌

回望大连的历史与现在，这座城市经历了开埠时期的高起点建设，新中国成立初期的崛起，改革开放时期的辉煌，再到走向今天面临转型的十字路口，有失落，也有困惑。这里既有东北衰落的区域性因素，也有城市自身的机制政策和软环境因素。只有将大连放在当前时代背景、全球背景、区域背景下去研判，进一步突出开放，重新提振城市吸引力，激活经济创新活力，提升空间价值，才能找到新时期发展的重点。

城市的重振不是一个简单的产业振兴，或者空间拓展的事。新的时期，中央对大连提出新的期待，要建设成为

"产业结构优化的先导区，经济社会发展的先行区"，这里既有对其引领东北振兴的战略责任要求，又有对城市综合品质提升的治理要求。

理性回归的2049愿景规划

从对流中找到城市价值：开放引领、国际链接

与生俱来的开放基因造就了大连的辉煌和荣耀，面向未来，坚定不移地对外开放是大连复兴的重要方向。大连需要充分利用开放优势，建设亚太对流枢纽，打造更加开放的国际门户。

一是要以战略眼光、全球视野来谋划东北亚开放合作新格局，建设与东北亚主要城市以及全球重要城市快速便捷通达的枢纽体系，建成东北亚"一小时商务圈"。空港方面，建设服务辽中南城镇群，链接东北亚乃至全球的区域航空枢纽，提升大连航空的国际链接能力，积极推进周水子机场能级提升及金州湾机场的建设。海港方面，建设国际一流海港和港区，构建以大连为中心，链接亚太和俄罗斯远东、欧洲之间的国际联运物流通道。积极推进烟大通道的研究和工作推进，促进国家沿海运输大通道的贯通。

二是要强化区域链接，提升区域辐射力，推动辽宁沿海经济带协同发展，构建与东北、华北、华东地区密切联系的区域通道，打造国家南北沿海运输大通道的重要节点。

三是营造更具吸引力的国际合作环境。包括搭建一流的国际合作园区，推进与全球的产业协作，强化中日、中韩的协作优势，加强技术与服务对流，打造高水平产业协作平台，打造一流的跨国交往平台，包括国际商务交往平台、国际文化交往平台、国际体育赛事平台和国际旅游平台等。同时，基于国际合作园、国际大学分校等载体，引入国际化人才和机构，推进国际化企业与服务平台建设，优化国际化营商环境。

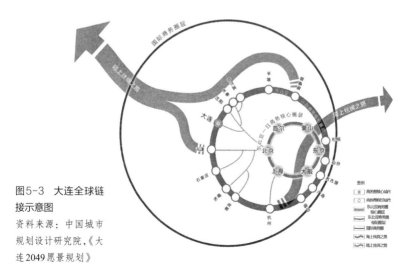

图5-3　大连全球链接示意图

资料来源：中国城市规划设计研究院，《大连2049愿景规划》

重新点燃城市的创新与激情：创新驱动、产业提振

创新是城市保持持久活力的重要因素，未来哪个城市能够吸引更多的创新人群、创新企业，培育更适宜创新的城市生态，哪个城市就拥有面向未来的核心竞争力。面向2049，大连需要重新点燃城市创新的热情，建设创新策源中心，打造更有活力的区域引擎，成为创新技术策源地、创新企业培育地、创新人才向往地、创新空间展现地和创新氛围示范地。

一是要培育更适宜"大连创新"的城市生态。关注源头创新，建设创新技术的策源地，重点加强高等院校、科研院所、民营企业、协同平台的创新实力。搭建"基础研发、技术开发、成果转化"的全流程创新链，搭建"校区－园区－城区－景区"的创新载体，形成浓厚创业氛围和知识密集型产业集群。

二是打造更强大的"大连制造"产业链，锚固既有产业优势，近期加快传统产业的转型升级，同时重点培育壮大战略性产业布局，并围绕新技术发展趋势，紧跟国际科技发展前沿，提前谋划未来产业，着力加强人工智能、工业互联网、物联网等新型基础设施建设。

三是提升"大连服务"，充分考虑落实国家战略布局需要，围绕建设东北亚国际航运中心、国际物流中心、国际贸易中心、区域性金融中心和创新创业中心"五大中心"，进一步推动物流、金融、商贸、旅游休闲和文化创意等现代服务业提质增效，提升"大连服务"能级和水平。鼓励企业充分利用互联网、大数据等手段，在数字经济、绿色低碳、共享经济、现代供应链管理、人力资本服务等领域培育新增长点，形成新动能。

四是推动产业融合创新发展，促进服务业与制造业的双向深度融合，建设面向未来产业集群的智能制造和服务型平台。打造具有全球影响力和产业示范价值的科创中心城市。

同时通过建立全过程的创新服务体系、精准的人才引进政策、机构改革等策略，营造更具吸引力的就业创业环境。

建设蔚蓝时尚滨城：文化彰显、品质提升

大连历史文化独具特色，既有海洋城市的大气磅礴，也有时尚之都的浪漫气质。应当充分挖掘城市特色价值，营建城市品牌。大连应当通过建设蔚蓝时尚滨城，打造更

具魅力的宜居城市。既要满足人们日益增长的高品质生活
需求，建设天更蓝、水更清、湾更美的蔚蓝之城，也要大
力弘扬大连兼收并蓄、开放进取的城市精神，展现大连时
尚与浪漫的城市气质，建设具有国际风范、滨海风情、时
代风尚、活力健康的魅力滨城，将大连打造成为大气磅礴
兼具时尚浪漫气质的海洋中心城市。

一是要加强历史文化遗产的保护。依托历史文化资
源延续大连城市文脉，保留主城区及旅顺"万国建筑博物
馆"的历史风貌，推进主城区历史文化街区的"微改造"，
挖掘、保护和利用历史建筑和历史街区，留住城市记忆，
珍藏城市乡愁。

二是树立全球视野，持续加大文化"走出去"步伐，
拓展建设一批大连展示中心、旅游推广中心，在更大范围
展示城市魅力与风采，建设体育之城、大学之城、艺术之
城和商务会展之城，塑造城市文化品牌。

三是发展文化产业，建设文创产业集聚地。依托城
市影视产业基础，推进影视传媒产业发展。建立起完整的
影视传媒文化产业链条，打造影视投资、创作、摄制、发
行及院线管理等多环节的现代影视产业集群。汇聚创意设
计资源优势，大力发展工业设计、建筑设计、工艺美术设

计，并结合大连优势，在船舶设计、冶炼设备设计、服装设计等领域塑造大连设计品牌。鼓励本土化的特色文创产品创作与生产，加大对特色工艺品和老字号产品扶持力度，突出大连本土文化特色。推动动漫游戏业、文化旅游业、影视演艺产业、文化会展业等优势产业的融合发展，推动网络设计、数字媒体和动画等新兴文化创意产业发展，鼓励"文化＋旅游""文化＋消费""文化＋电商"等文化产业新业态。

四是提升文化魅力，建设世界知名旅游目的地。依托"山"的资源，打造温泉健康山区；彰显"海"的魅力，塑造滨海风情；用好"湾"的优势，建设美丽海湾。通过滨海步道串联、工业遗产点亮、文化特色街区塑造等方式，打造以大连湾为代表的多处魅力海湾。通过山、海、湾等品牌建设，打造一批精品旅游线路和特色产品，建设世界知名的滨海旅游胜地。

五是树立文化自信，建设更年轻、更有活力的城市。提升城市文化内涵，吸引并服务于年轻人，为城市发展注入青春活力。包括提升城市文化馆、图书馆服务管理水平，推进城市文化中心建设。关注对外节庆交流，策划组织海洋节、电竞节、传媒节、读书节、艺博会、动漫节、电影节、啤酒节、樱花节等一系列节庆活动，扩大文化影响力。营造社区文化氛围，建设适宜年轻人居住的组团空间。提升城市文化品位，满足精英人士、年轻人对城市文化品质及各类设施的诉求。

有所为、有所不为：精明发展的城市空间

城市空间发展重点在于品质和绩效的提升。基于大数据分析看城市空间关联，大连总体呈"中心集聚、外围相对独立"的模式，且外围地区发展的效益不高，人气不足，相应地也增加了城市的负担，城市的经济规模和人口规模不足以支撑城市向外大尺度的跨越式发展。因此，本轮愿景规划明确提出"市域紧凑开放、核心区精明发展"的空间理念。

市域强调"中心集聚、多元组团"，鼓励人口与城市的核心功能向中心城区、湾区集聚，通过一定的规模集聚，提升资源的配置标准与效率。外围的城市重点沿黄海、渤海两岸组团化生长，并通过快速交通网络串联各城市组团。其中黄海沿岸依托城镇基础及集聚优势，突出城市功能组团的集聚；渤海沿岸依托产业基础，重点打造高端制造产业组团。

核心区突出"强湾聚心、廊道生长"。强湾聚心重点聚焦大连湾建设，使其逐步从消极封闭走向开放活力。强湾策略以打造大连"国际化、区域性"的高端功能集聚区为目标，尊重山海格局，延续环湾发展的营城思路，打造富有魅力、充满活力的城市中心，集聚城市核心功能；聚心策略以塑造湾区活力为目的，打造多处商业中心、文化艺术场所、公园广场等活力共享空间，丰富各类文化消费活动，集聚湾区人气。廊道生长重点遵循"紧凑集约、精明发展"理念，以快速交通串联城市四大板块，实现城市核心功能从大连湾向外有机生长。

从愿景到行动

重点行动是保障规划目标和战略举措落实的重要手段。一个好的愿景没有好的行动与举措支撑，那么就只是纸上谈兵，沦为"墙上挂挂"。有效的行动举措既需要在愿景框架的指导下细化，从而保证愿景–策略–行动一脉相承，也需要分开考虑市民共性诉求与部门工作重点，兼顾板块均衡发展并有时序地推进。大连2049围绕目标愿景及五大战略，充分明确近期（2025）、中期（2035）、远期（2049）的重点行动或方向。

近期聚焦十项重点行动，围绕人才、产业、文化、平台、空间、设施等要素，制定相应的行动建议，明确行动牵头部门，实现"部门有抓手，区区有亮点"。

中期重点结合重大项目的开展，完成城市空间的重组。包括推动普湾战略发展片区开发利用；完善交通枢纽体系，推进金州湾机场枢纽建设，增加国际通航班次频率，强化海铁联运，建设全岛自由港区等；完善全域旅游体系，贯通滨海文化魅力旅游带。

远期实现城市地位与城区品质全面提升。继续推进大连湾整体更新，充分利用工业遗存增加特色节点，进一步提升湾区品质。明确外围港区、湾区功能布局，重点开发利用长兴岛港区、太平湾港区、普湾战略发展片区，并贯通渤海海峡。

大连2049愿景规划的主要工作内容　　表5-1

	主要工作内容
行动1：人才吸引行动	（1）引进人才 （2）鼓励创业
行动2：产业激活行动	（1）培育创新源 （2）激活民营经济 （3）整合产业园区
行动3：国际合作行动	（1）建设跨国产业平台 （2）塑造文化合作平台 （3）自贸区建设

	主要工作内容
行动4：环湾贯通行动	（1）分段贯通 （2）增加环湾亮点 （3）确定轨道交通支撑
行动5：街区美化行动	（1）划定文化街区 （2）整体风貌改造 （3）空间优化与功能植入
行动6：慢行优化行动	（1）编制步行专项规划 （2）优化老城街道空间 （3）提升滨海廊道步行环境
行动7：厂区更新行动	（1）确定更新示范点 （2）提出工业遗产的保护与更新原则 （3）补足城市设施短板 （4）大连湾重化企业搬迁
行动8：公园营建行动	（1）明确公园布局 （2）明确建设方案 （3）研究制定郊野公园、城市公园内功能性用地的供给政策
行动9：枢纽提升行动	（1）提升机场国际化水平 （2）加快港口整合步伐 （3）推进城际铁路建设与升级 （4）优化轨道交通布局
行动10：文化建设行动	（1）确定重点保护地区 （2）打造文创产业集聚地 （3）举办会展活动 （4）建设人文四城

战略规划的核心：在继承与转型中求发展

大连2049远景战略在2020年5月大连市第十六届人民代表大会通过，成为未来大连发展的行动纲领。相比于其他城市，大连在2049的编制过程中，面临着更多需要解决的问题：包括区域地位的下降、人才与企业的外流、产业发展的瓶颈、空间发展的摇摆……很多问题并不是单个城市本身的问题，而是更多涉及东北城市振兴的共性问题。对于面临区域整体经济社会发展水平下降的东北，如何促进城市与区域的振兴是一个重要课题。大连给了我们一个很好的切入点，让我们得以审视这样的城市所面临的困惑并尝试提出一定的解决方案。这样的解决方案也许只是一个城市的个性方案，也许会对整个东北地区的城市振兴有所参考，总体来说首先要促进条件好的单个城市的复兴，然后带动整个东北地区的振兴，从"孤岛效应"走向"蝴蝶效应"。

开放、创新、对流是大连走向未来的关键

开放是大连与生俱来的历史基因，也是城市发展的重

要推动力。面向未来，尤其是在全球链接的时代，开放决定了一个城市的能级与定位。因此大连需要以更加开放、更加国际化的视野来谋划城市的发展路径。

创新是大连面向未来、公众最大的期待，也是当前发展最大的瓶颈。作为国家早期的重工业和国防工业基地，大连积累了深厚的产业基础和创新底蕴，包括以理工科见长的高校、以装备制造和化工著称的科研院所和国企等，一直有资源并有能力引领中国制造转型的方向。因此大连需要以创新推动产业发展，促进创新链和产业链的深度融合，未来将大连建设成为面向环渤海地区的重要产业创新策源地。

通过开放与创新引领城市的现代化转型，找到城市发展的源头动力，是振兴大连，从而带动区域的关键。因此坚定不移的开放和创新步伐是大连面向2049需要坚持和深入的方向。

与此同时，面临东北地区人口吸引力普遍下降的现实，收缩型城市发展的思路是加强人口对流，从简单的人口规模优势转化为人口对流的枢纽，增加商务人口、旅游人口、会展人口等流动性人口在大连的停留时间，因此可以通过加强交通枢纽的建设，加强旅游资源的建设与推广以及举办各种活动等方式来促进人口对流,从而增加城市的活力,加强人口对流也是促进要素的自由流动,从而带来经济的增长,融入全球的经济体系。

空间发展从规模扩张到理性转型

基于传统城镇化的发展思路,大连走过一段以规模扩展带动空间发展的道路,但由于城市发展的动力跟不上空间拓展速度,导致人口集聚有限,功能集聚有限,而用地扩展过大,从而投资效益低、政策负担过重。城镇化的下半场不再是比拼用地的规模,而是更注重内涵式发展,因此需要更理性的空间发展策略和更精明化的发展导向。在大连,提升发展品质,增强企业与人才对这个城市的信心很重要;而如何将有限的空间价值、有限的投资发挥最大的效益,是新一轮战略的重点,所以我们提出了"强湾聚心"的战略,减少空间资源过度铺展和无序投放,收缩一定的战线,回归城市最有价值的空间。面向未来明确提出理性收缩,精明增长的空间发展战略,对于城市决策者而言,确实需要勇气。

与时俱进地寻找战略的变与不变

不同时期、不同发展阶段、不同地域特点的城市，有彼此差异化的基因和路径。所以战略规划需要"量身定做"，以应对各种"变化"。比如城市产业就会因为发展阶段的不一样，有很大的变化。三线建设时期，大型工业投入带动了城市产业的繁荣，承担国家战略性功能的重工业基地，成为发展的先锋，大连所在的东北地区都在这个时期有了快速的发展，支撑起了众多的"共和国第一"；改革开放后依靠出口、投资拉动的时期，加强投入、积极引入外资就很重要，正如大连在20世纪八九十年代，依托对外开放优势，吸引了以日韩企业为代表的外企，发展软件服务，成为改革开放的弄潮儿；而到了当前，大型国有企业和外资引入固然也重要，但是内外扇面的双向驱动成为重点，以自主可控为导向的内生性创新更代表未来城市的核心竞争力，因此如何更好地培育创新生境、吸引创新人才、鼓励创新创业成为城市发展的重要方向。大连如何利用好自身源头创新优势，将这些创新培育成自身的核心竞争力，是政府需要重点关注的。

同样的，城市空间的发展方式，也在不断变化。城镇化的上半场，人口红利的释放，土地财政的兴起带来了空间发展的规模化扩张，做增量，做规模成为城市发展的重心，新城、新区成为城市发展的主线。而到了城镇化的下半场，人口规模红利式微、人才价值突显，空间从增量走向存量，如何挖掘空间价值成为重点，生态、文化、中心区等特色价值的空间成为重点。所以在大连，滨海的湾区空间价值重新得到认识，成为未来空间转型的重点，这里会成为未来城市新经济、新人群重新集聚的地方。

当然，也有一些地方，并不会随着社会经济环境的变化而改变。比如人们对美好生活的需求不会变，人们对更好的环境的渴求不会变，人们对历史文化传承的诉求不会变，所以如何保护我们的生态环境，保护并提升大连山海湾等特色的生态本底，为子孙后代留有一方绿色是不变的出发点；如何塑造更美好的生活品质，满足人们日益增长的物质文化需求，保护好代表一方地域特色的文化，让城市之脉得以传承需要一以贯之，并让人们在这个城市有激情，有品质的生活是重点。在大连，弘扬足球城市精神，建设文化四城，彰显文化魅力，树立文化自信，都是增加人们对这座城市归属与认同感的重点。

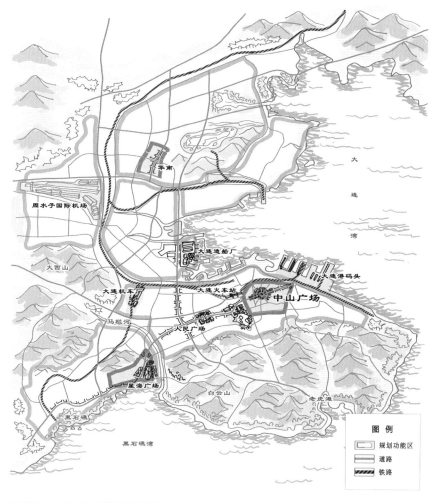

彩图 5-1 大连市初版城市总体规划示意图

　　资料来源：李国维绘

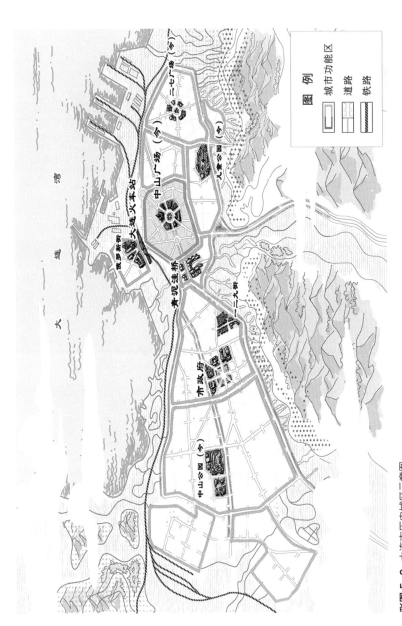

彩图 5-2　大连市历史城区示意图

资料来源：李国维绘

图例

城市功能区

道路

铁路

大连湾

大连火车站

东关街

中山广场（今）

二七广场（今）

儿童公园（今）

青泥洼桥

市政府

一二九街

中山公园（今）

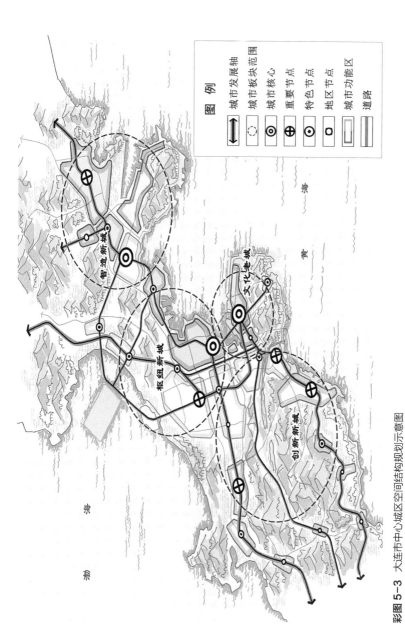

彩图 5-3 大连市中心城区空间结构规划示意图

资料来源：李国维，据《杭州城市发展战略研究 2050》绘

图例

城市发展轴

城市板块范围

城市核心

重要节点

特色节点

地区节点

城市功能区

道路

第 6 章

CHAPTER 6

天津：
经济与空间的转型之路

▍追求更美好的城市▍

武汉 / 上海 / 杭州 / 大连 / 天津 / 十堰

认识天津经济与空间的一些重要特征

战略规划一般的分析方法是问题导向与目标导向相结合，以问题导向为主要出发点，然后通过制定更长远的目标来指导现在的行动，我们在大部分的城市发展战略规划中都采用了这样的技术方法，以及"问题—目标—行动"的逻辑。有专家认为东方哲学是考虑长远，然后慢慢来，而西方哲学更侧重于近期，有什么问题解决什么问题。天津战略规划重点剖析当前城市在经济、空间发展等方面存在的核心问题，然后针对问题制定更长远的发展目标，按照既定的目标分阶段地逐步实现。天津战略规划是2018年左右开始的，分析问题所采用的一些数据也是以2018年为主。天津陆域面积1.19万km²，2018年末常住人口1560万人，地区生产总值1.33万亿元，排名全国的第10位。当然天津当前的城市发展面临着一些问题，也是在北方城市中面临一些普遍性的问题，主要体现在以下几个方面。

城镇空间过于分散

天津存在比较典型的土地城镇化快于人口城镇化的

特征，产城融合不够。2020年，天津常住人口1387万，然而城乡建设用地达到2914km²，人均城乡建设用地为210m²，远高于北京（131m²/人）、南京（159m²/人）等城市。聚焦天津中心城市范围，城镇建设用地1541km²，仅承载978万城镇人口，人均城镇建设用地158m²，远超过了人均100m²；而一般来说，人均城镇建设用地100m²是衡量城市建设用地比较好的标准。

同时，市域各类园区平台达到314处，各自为政、同质化竞争；园区多但又没有有效引导工业用地入园集中，工业用地入园率仅59%，低于上海的67%，园区及工业用地的分散式发展是造成天津空间低效的重要原因。

产业平台过多一方面是空间低效，另一方面在一定程度上说明天津目前并没有形成真正的产业集群，还属于放羊阶段，尚未达到羊群的发展阶段。从效益及效率角度，产业发展到一定阶段需要形成产业集聚（所谓羊群），相应的空间发展平台也需要整合，实现规模效应。

除了导致空间低效、掣肘产业发展，由于产业平台过于分散，每个平台也没有足够的财政来进行相应的服务与配套，园区板块相应的居住用地以及服务用地都比较欠缺，容易导致职住不平衡的问题。与此相对地，产业发展已发生重要转变，从"人跟着产业走"转向了"产业跟着人走"，这意味着产城融合在当前阶段越来越重要。一般来说，产城融合的理想效果是在城市一个特定区域范围内的职住平衡，形成一个通勤量合理、环境友好、服务良好的产城融合单元。产城融合单元以 $15km^2$ 左右为宜，以新加坡为例，全域划分为 5 大片区，每个片区 150 万人左右，片区下设 55 个全覆盖的分区单元，每个分区单元大约 15 万人。$15km^2$、15 万人，相对产城融合和配套服务齐全，这通常也是规划管理中控规单元比较合适的范围。大致依据这个标准，我们将天津中心城市的建设空间划分为 56 个空间板块，通过就业、居住人口的比较分析，天津中心城市职住平衡板块仅 8 个，职住不平衡板块达到 45 个，还有 3 个板块看似居住人口与就业岗位平衡，实际存在大量跨板块就业、通勤距离过长。这些数据说明天津中心城市的职住不平衡、产城分离状况显著，城市规划亟需注重补短板，尤其是产城服不融合的短板。

区域带动力弱

如何判断天津与周边城市的关系，现在流行的分析方法主要是城市产业之间的相互关联度。比如通过相互的投资关联度，总部与分支机构的关联度来进行产业关联度的分析。产业关联度是产业链、价值链的集中体现：关联度高，说明城市与周边地区的一体化程度高，也形成了相互关联的关系；关联度小，说明城市之间还没有形成网络效应，距离京津冀一体化目标还有较大的差距，城市发展还是一种"孤岛效应"。许多学者认为长三角一体化程度要高于京津冀，其核心的分析方法也是城市之间的产业关联度分析，从京津冀城市间2014-2016年的平均投资空间分布情况来看，天津对外投资以北京为主，且远小于北京对天津的投资强度，对河北的投资则相对较少。从企业分支机构设立数量看，天津企业较少在河北城市设立分支机构，从另一个侧面说明天津与河北产业链之间缺乏较为紧密的关联。

在全球化的鼎盛时期，全球的产业链一般比较长，距离比较远，城市可以不用周边区域的产业配套而直接参与全球的产业链，在全球化逆潮兴起的时候，区域化的产业链则非常重要，在一定区域范围内形成相对完整的区域产业链，这是产业安全与效率兼顾的保障。在京津冀范围内，北京与天津的关联度是非常强的，但与河北城市的关联度则非常弱，说明这个地区还缺乏紧密的产业关联，没有形成紧密的产业链的水平分工和垂直分工。如何加强天津与腹地的联系，也是区域发展重要的命题，或许还需要一定阶段来形成共同发展的产业链。关联度弱，是信息流、人流、物流的综合反映，在交通枢纽上，天津的交通量与同等城市相比还是有比较大的差距。此外从民营企业的数量来看，天津民营企业占比仅为47%，相比之下，杭州为82%、南京为68%、重庆为62%、广州为60%、深圳为57%，民营企业占比低，说明市场发育还不够完善，一定程度上反映了营商环境还有差距。而产业关联度弱，民营企业不发达，交通流量不够等指标之间是有较强的关联度的。

但与此同时，天津还是有十分明显的优势，有较好的医疗与教育系统，以及餐饮系统。新一线城市研究所对一线及新一线城市公共服务设施评价，对教育、医疗、文化、体育、商业等公共服务设施综合打分，天津排名第9，且医疗、教育资源突出；医疗设施单项排名第7，优于上海、南京、重庆；教育设施单项排名第7，优于上海、深圳、重庆。同时，天津物流通达、餐饮多样、生活便利，物流通达指数、餐饮多样性指数均排名第3，仅次于深圳、成都。这些指标说明天津在基本公共服务上还是有明显优势，只是空间布局不尽合理，可能在老城区配套完善，而在城市周边发展的新城区则配套不够。

生态环境过于敏感

天津作为环渤海地区的重要城市，也是海河的入海口，生态环境敏感。其生态环境敏感主要体现在以下几个方面：一是流域性缺水，黄河、海河沿线是中国流域性缺水最主要的地区，流域用水量达到80%（超过40%的警戒线），节水蓄水成为这一地区的主要责任；二是天津被誉为九河下梢，华北水乡，众多河流由此入海，海河也是我国七大河之一，同时湿地沧波浩渺，总面积约2956km²，约占陆域面积的25%，海与河交汇地的湿地是生物多样性的重要空间，天津的湿地也是东北亚候鸟迁徙路线重要的停歇地，比较著名的是七里海湿地、团泊湖湿地等。而当前生态湿地也面临萎缩的风险，如何给水和生态湿地、林地建设更多的空间是天津当前重要任务之一。在城市节水、蓄水与生物多样性保护方面，首选的典范城市是新加坡：它把城市定位于花园城市，同时通过广泛的生态城市建设来保持足够的蓄水空间，新加坡因为缺水而致力于生态城市建设，又通过生态城市建设而形成更宜居的环境，通过宜居环境的建设又能带来更有竞争力的产业，这真是一个良性循环，这种城市规划和建设思想值得我们借鉴。

战略规划的主要建议：空间重构与产业重塑的方向

针对天津空间过散、生态环境过于敏感、区域带动弱、产业活力不足的问题，天津的城市发展战略提出总体目标是"引领环渤海地区发展的世界名城，建设成为开放活力之城，智能科技之城，幸福宜居之城，生态魅力之城"。开放活力之城是希望天津能继续发挥天津海港与空港的作用，进一步提高天津的全球通达能力。智能科技之城是希望实现制造业和服务业的双轮驱动，保持一个合适的制造业比例，但制造业要与智能科技结合，加快产业升级，形成智能科技高地。幸福宜居之城是希望天津能营造产城融合的生活空间体系，以及保护和彰显风格独特的历史遗产。生态魅力之城是希望天津能在市域范围内大规模保护湿地和滨海盐田生态系统，发挥"华北绿肺"的作用，在双城之间主动建设生态屏障，避免城市无序蔓延，同时发挥海河与滨海的魅力休闲作用。

在总的目标之下，规划提出区域协同、全域统筹、空间重构、产业重塑、枢纽重组、生态重现、人文重兴等国土空间发展战略，从而推动发展动力转换、城市空间优化、生态环境改善。总体希望空间更紧凑一些，强化重点建设生态空间，通过枢纽的建设加强与周边地区的链接，通过交通的链接带动产业链的形成，同时强化天津的门户职能。

区域协同，从"零和博弈"走向"正和博弈"

在区域协同方面，重点是生态共保与交通共建。当前城市群、都市圈在中国风起云涌，核心是城市要跳出"一亩三分地"的思维，从城市竞争走向城市合作，从"零和博弈"走向"正和博弈"，其中的一个重要逻辑是从区域同质竞争走向区域分工合作。但产业分工更多是市场决定的，政府要提供基础设施和平台来促进这种产业分工，核心是促进区域的生态共保、交通共建、产业共链。

因此天津在区域协同方面有以下几点需要关注：一是要建设共保共治的区域生态格局，明确将天津建设成为"华北绿肺"，共同推进河流、湖泊、湿地保护与修复；

二是着重建设"轨道上的京津冀",在客运方面提升天津区域辐射水平,扩大半小时、一小时朋友圈;三是在生态共保与交通共建的基础上,尽量依靠市场的力量来实现产业的横向与纵向分工,形成更加紧密的区域产业链。当然从天津的产业定位来说,更多的是定位"高、轻、新"型产业:"高"是指强化技术密集型的实体经济,以智能制造为导向,建设先进制造研发基地;"轻"是指积极发展为先进制造服务的服务经济,重点发展国际航运、金融创新等生产性服务业;"新"是指培育面向未来的创意经济、数字经济等。在区域协同、全域统筹的基础上,本次战略规划重点提出"五重",即"空间重构、产业重塑、枢纽重组、生态重现、人文重新"。"重"字用得比较多,并不表示有多少工作需要推倒从来,而是更多地反映了一种态度,天津需要有面对当前城市竞争力变弱的现实,置之死地而后生的勇气,期待再次崛起。

空间重构,匹配自然地理特征的"一市双城中屏障"格局

在空间重构方面,规划主要强调了"一市双城中屏障"的城镇格局。"一市"指中心城市,即整个天津城市功能的核心承载地。"双城"指紧凑活力津城和创新宜居

滨城，天津双城格局由来已久，也是天津的独特空间结构，因此保留和强化这种格局还是很重要的，两个城既是一个城市，又是两个相对独立的城市。津城是老城区，重点是不仅提升核心区功能与活力，也要把周边城镇组团纳入津城统一规划与管理；既避免摊大饼，同时又能促进外围组团的产城融合。滨城关键是要由"滨海新区"向"滨海城市"的提升转型，完善促进居住生活的各种功能配套，同时可以利用滨海品质好成本低的优点，进一步集聚创新资源，成为区域创新的新引擎。"中屏障"是天津本轮规划很重要的一个亮点，类似伦敦的环城绿带，天津在双城之间强调建设"生态屏障、津沽绿谷"，总面积约736km^2。分为三级管控区：一级管控区面积约61%，强调严禁建设；二级管控区约20%，强调严控规模；三级管控区约19%，重点强调通过绿色化改造来提升功能与建设品质。

此外，规划还要在市域范围建设"多节点"的城市功能和"三区两带"的生态建设，多节点指武清、静海、宝坻、宁河、蓟州等多个区域特色化城市节点。"三区"指北部盘山–于桥水库–环秀湖生态建设保护区、中部七里海–大黄堡–北三河生态湿地保护区、南部团泊洼–北大港生态湿地保护区，"两带"指西部生态防护带、东部国际蓝色海湾带。

产业重塑，缓退、快进、植入新经济

产业重塑方面，规划对标新加坡、汉堡、深圳等港口城市转型的经验，实施"双引擎"驱动，即"智能制造"和"生产性服务业"双轮驱动的总体发展路径，核心是希望在天津的产业结构中，制造业比例要保持在30%以上，建设全国智能制造与研发基地，同时逐步降低传统制造业与一般制造业比重。规划模拟2035年二三产比为30∶70，并保持一定比重的制造业。产业重塑也需要在产业空间上处理好"退"与"进"，总体来说需要将城市低效工业用地、高污染工业用地逐步退出，重点是五类产业，一是高风险产业，比如重化炼油环节中存在安全隐患的产业，二是高能耗产业，三是低附加值产业，四是低技术含量型产业，五是过剩产能等。同时促进产业进园，目前天津在园区内的产业用地约59%，而上海的对应数值是70%左右，这是一个可以参考的比例。此外，还有一些在生态敏感地区的工业用地也要逐步退出，同时要吸引"高""轻""新"型产业进入规划的产业园区。

枢纽重组，以"新双港"提升门户地位

枢纽重组方面，天津核心关注海港、空港两大重点空间。天津港口发展与GDP关联度很高，中国最大的20个港口城市可分为三种类型。第一种类型以天津、上海、广州为代表，每亿吨货运量约能带来8000亿元GDP，或者反过来也成立，即每8000亿GDP会带来1亿吨货运量。第二种类型以宁波、大连、唐山为代表，每亿吨货物只关联不到2000亿GDP，港口业务对本地经济的关联贡献较少。第三种类型以深圳、福州、泉州为代表，早期经济与航运同步发展，近年来GDP虽然还是快速增长，但航运吞吐量已经不再增长，说明这类城市的经济增长对港口的依赖度非常之低了，典型的是深圳主要依靠创新驱动来推动经济增长。显然天津港口与城市GDP存在强相关关系，未来一段时间还需要努力建设世界一流强港。要想适应港口的未来转型，还需要在智慧港口、绿色港口上下功夫。

在交通发展策略上，一是强化"一带一路"枢纽功能，发展高质量开放型经济；二是以港兴城，提升国际航运核心区功能；三是打造京津、津冀开放"大通道"；四是提升港口绿色、智慧水平；五是港城共荣，优化港

区布局，划定港城边界。港口城市发展的一个规律是随着港口的发展，跟随港口的货车、危险品仓储的不断拓展与城市的矛盾日益突出。世界港口城市的经验主要是两条：一是港口不断往外跳；二是不断优化货运结构，从散装货运调整为集装箱货运，甚至以集装箱服务为主。天津港目前也面临这样的问题，如何协调好港城矛盾也是大家讨论的焦点。现在看来，无非还是要多管齐下，一是在城市的南面进一步建设新的港口，将一些港口功能疏解；二是要优化运输结构，逐步以集装箱运输为主，散货逐步疏解到区域港口当中去。三是不断提高智慧化与绿色化水平，采用更少的生产岸线，掌握更高效的港口处理能力。

规划在空港层面强调客货并举，建设国际航空物流中心和区域航空枢纽，虽然从京津冀层面，天津机场更多地定位在物流枢纽，但航运发展一个很重要趋势是飞机大型化以及客带货功能，因此天津机场还是要强调客货并举，在建设国际航空物流中心的同时，把客运枢纽的建设也放在一个更高的位置，全面提升天津空港链接国际、链接区域的能力。

生态重现，以"水"为主线提升城市魅力

生态重现方面，一是要保护天津的湿地系统，重点建设七里海、大黄堡、团泊洼、北大港四大湿地自然保护区，同时建设好永定河古道、潮白河、州河、下营环秀湖湿地公园，保障好湿地水面零减少的工作。二是要尽可能提供更多的生态岸线和生活岸线，战略规划提出增加生态岸线约8km，增加生活岸线约34km，减少生产岸线约42km，结合天津的实际，通过增与减，使生产岸线的比例控制在50%左右。

彰显人文魅力空间，重点塑造"一湾两河"的魅力框架。"一湾"即休闲、智慧、生态的国际蓝色海湾，重点提升滨海城市体验，通过提高生活岸线和生态岸线比例和质量，来感受滨海的魅力。"两河"即南北大运河与海河，加强大运河世界文化遗产保护与文化传承，同时海河可以借鉴上海黄浦江的经验，按照"贯通、人文、开放、活力"的理念，首先将海河贯通，视其成为一条生态之河、人文之河、活力之河和创新之河。

人文重兴，让百姓生活更富"津味儿"

人文重兴方面，首先强调以人民为中心，建设职住平衡的生活圈。促进职住平衡，建设15分钟生活圈，着力提升居民的获得感和幸福感。从人的生活尺度出发，在天津中心城市范围内打造若干"15分钟生活圈"，满足人的日常生活服务需求，重点配置"5+X"的基本公共服务体系，"5"指配置教育、卫生、养老、文化及体育等公共服务设施，"X"是鼓励社区结合自身特点，着眼于提升群众获得感。天津中新生态城"社区中心"借鉴新加坡"邻里单元"理念，统一规划建设的一站式、综合化服务中心，能为周边居民提供商业及公共服务，是500m半径生活圈的重要组成部分。以生态城第二社区中心为例，其建筑面积为2.9万m^2，包括商业和公益两部分。其中，商业部分面积约1.6万m^2，包括超市、餐饮、休闲娱乐等诸多业态；公益部分设置了医疗卫生和居民活动两个主题区，其中，一、二层为社区卫生服务中心，三至五层为居民活动区。天津可以总结生态城社区中心的经验在全市推广。

此外，天津应该加强文化传承，严格保护历史文化城区、历史名镇和历史文化街区，包括市中心海河两岸的历史文化城区、杨柳青镇、独流镇等历史文化名镇，以及14处历史文化街区。同时推动"文化+"理念，利用一些老厂房、老街道，营造特色人文街区，建设风貌彰显、可漫步、有活力、有文化的品质街巷。规划初步判断约有30处有条件的地方可建设特色人文街区，上海的上生新所，成都的宽窄巷子，重庆的二厂文创公园都是最近涌现的一些新的并符合当地特点的特色街区，值得参考。

"十四五"的主要建议：促进经济与空间的匹配发展

战略规划编制完成之后，天津组织"十四五"专家座谈会，笔者依据战略规划对天津的认识，提出了天津"十四五"期间"促进经济与空间匹配发展"的建议，提出了一些近期发展的建议。总体认为，"十四五"期间如何促进天津的城市功能与空间的优化，要多从外部视角和内部视角，从拉长长板和补齐短板的角度来审视。从新的内外环境来看，尤其是受到新冠疫情、全球化逆潮的影响，扩大内需，促进国内国际双循环的新发展格局，优化产业链与供应链，促进城市的转型升级，完善城市的功能和空间组织，是"十四五"期间天津的重要责任与任务。

城市的转型升级，首先，需要重点按照生态文明的要求，坚持创新、协调、绿色、开放、共享的发展理念，紧紧围绕"生态优先，高质量发展"这根主线，尤其是要突出城市功能的转型发展，创新驱动，拉长在优势产业的产业链长板，加大科技创新的引领。其次，新冠疫情以来，习总书记多次要求城市发展必须把生态和安全放在更加突出的位置。新冠疫情的突发把过去城市发展的基本问题和一些结构性问题暴露得更加充分，疫情之后的城市补短板工作迫在眉睫，要补医疗教育、公共服务、公园绿地、交通与基础设施等方面的短板，补短板既是集中解决过去的遗留问题，也是实现城市动力更替的重要手段，需要以健康、安全、宜居的理念促进城市的转型升级。

从城市自身发展来看，国内一些中心城市都坚持转型提升，在不同发展阶段解决城市发展中的不同问题。我自己参加了上海"十三五"和"十四五"的一些工作，"十三五"时期重点研究上海大都市圈的建设问题，从区域视角对功能与空间组织模式进行再认识，破解上海功能空间"缺位"及全球功能的"补位"问题，现在来看，都市圈是城市产业链与创新链的重要载体；"十四五"规划课题重点研究了上海城市功能和空间的匹配度，提出如何从重点地区和潜力地区的角度解决上海发展"东西不充分，南北不平衡"的问题。

天津正在转型发展的关键时期，从优化功能与空间角度出发，笔者有三个建议：一是需要优化功能，推动城市动能升级，强化城市的区域辐射和全球竞争力；二是优化空间，推动功能和承载空间相匹配；三是彰显特色，打造有魅力的亮点地区，提供更高品质的城市空间。

优化功能，推动实现三个双轮驱动

一是推动先进制造业和现代服务业的双轮驱动。一方面发挥天津制造业优势，建设全国先进制造研发基地，强化智能科技、生物医药、新能源新材料等战略性新兴产业。另一方面，提升天津的区域辐射能力，做强环渤海地区的中心城市角色，首先要发展为智能制造提供综合服务的生产性服务业职能，包括金融创新、商务服务、科技研发等领域。其次要以天津航运中心建设为引领，发挥在生产、流通、分配中的枢纽角色功能，全面提高天津服务业功能，推进智能制造与服务业的双轮驱动，这是产业更加安全可靠的重要手段。

二是推动区域供应链与区域创新链的双轮驱动。全球疫情加速全球产业链和供应链的重组，推动国际国内产业更加区域化，甚至本土化发展。因此，天津也要突破过去区域关联强度偏弱的限制，培育天津都市圈，强化与外围区县、与河北之间的联动，形成更加紧密的供应链关系。

供应链方面，重点强化冀中南、冀东北及北京三个方向的联动。按照《超级版图：全球供应链、超级城市与新商业文明的崛起》一书作者帕拉格·康纳的认识，交通的互联互通会加快产业链的重组以及一些超级城市的崛起，因此加快轨道上的"京津冀"建设，谋划轨道上的"天津都市圈"，以城际轨道网络形成的重要廊道支撑区域内的辐射对流，天津尤其要加强与北京方向、冀中南方向、冀东北方向的联系，通过交通的互联互通来带动天津都市圈的发展，也促进天津外围的中小城市与港口的发展。

创新链方面，重点强化与北京的联动，建设京津冀的创新转化中心。中国的创新有其独特的发展模式，其中一点是创新策源中心与创新转化中心经常是分离的，创新的策源中心主要是以基础研究为主的学校与科研院所，比较突出的是北京、上海等城市；创新转换中心比较突出是深圳、杭州等城市，而这些城市的短板反而是大专院校不多，当然这些创新转化的城市也意识到自己的短板，积极引入应用型的大专院校。长三角的一些城市也积极加强与上海的对接，培育孵化一些中小型的创新企业。天津既有临近北京的优势，也有知名的大专院校，还有制造业的雄厚基础，应该是京津冀地区创新转化条件最好的城市，显然目前这方面天津并没有做得最好，还有巨大的发展空间。天津应该在创新转化上大做文章，同时也要借鉴杭州"大城西"、上海的张江等案例，为创新企业和人才提供最适合、最匹配的创新空间。

三是推动产城融合与生态优先的双轮驱动。城市发展建设模式要处理好两对关系。处理好产与城的关系。打破过去以产业平台为主导的单一片区建设的思路，从园区走向城区，实现产城融合。首先工作圈社区化，借鉴新加坡的经验，通过城市更新强化老旧商务楼宇的社区化工作，这需要增加园区的业态混合，增加服务设施和绿地开放空间，增加一定的居住配套，形成一定的活力中心。其次社区生活圈完整化，疫情之后，各大城市普遍加强社区的精细化治理与补短板工作，要强化社区的公共配套服务，完善公共活动空间，保障市民享有便捷舒适的公共服务，提高生活品质。

处理好生态与生活、生产的关系。管控城市开发边界，留白留绿，边界内重视存量用地改造，合理规划和引导多中心的城市空间结构；强化绿地、绿道等绿色开敞空间建设，提供可达可享的高品质的绿地开敞空间，建设人与自然和谐相处、共生共荣的宜居城市。

优化空间，推动功能和承载空间相匹配

在优化功能的同时，天津需要在"十四五"期间推动10～15个左右的战略性节点地区的建设，承载城市转型发展的核心功能。具体地说，可以推进2个左右的新一代CBD的建设，4个左右的创新地区的建设，10个左右的重点地区的建设。

一是打造2个新一代CBD地区。不同于单一用途的金融区、商务区，第三代CBD是以多元用途为核心的中央活动区，即CAZ（central activity zone），以体育、文化、休闲为核心主题，打造复合化的商务区，主要面向TMT（科技、媒体、通信）企业。新一代CBD地区多是中层中高密度的开发强度，采用错落的体量和绿化的处理，提供高舒适度的花园式办公空间。其中一个是小白楼–八大里地区，以更新为主，可以借鉴东京都心8个典型更新地区

的做法。重点提升地区的中枢功能，建设支撑高密度都市功能和活动的基础设施，使企业家和外国人都能够感到本地区的魅力和吸引力；重点强化商务办公功能、拓展会展商业娱乐功能、优化开放空间和绿地。另一个是于家堡–泰达地区，以新建为主，可以借鉴新加坡滨海湾CBD的建设经验。有意识地在中心区融入居住、旅游、文化、娱乐等多元功能，增加对不同人群的吸引力；高度重视城市设计，提供大量高品质公共空间。

二是培育4个左右的创新中心。天津需要在"十四五"期间形成几个令人印象深刻，具有一定知名度的创新地区，创新是有一定范围内集聚特征的（5km半径可以参考）。具体来说，天津可以培育2个大学院所主导的创新中心，一个是天南大地区，一个是海河教育园。培育2个大型企业主导的创新中心，一个是华苑地区，一个是渤龙湖地区。创新中心做好配套服务与硬件支撑，混合居住与就业功能，建设吸引创新人才的品质空间，推进校区园区化、园区社区化。

三是推动10个重点发展地区建设。重点地区一般有几种类型，第一类是枢纽型地区，比如空港地区、南站地区、西站地区，进一步完善航空、铁路服务功能与对外辐射能力，强化枢纽集散能力，同步完善城市功能，实现交通功能与城市功能的平衡发展，可以围绕枢纽地区发展办公、会展等多种功能。第二类是引领现代服务业发展的地区，比如海河柳林地区、东疆保税港区；第三类是承载先进制造业地区，比如滨海高新区、临港经济区；最后一类是产城融合型地区，比如津城的北部地区、赛达和中新生态城地区。对于重点地区增加政策投放，补足城市复合功能，强化轨道交通联系与站点支撑，完善公共服务设施，提升建成环境品质。

此外，还可以自下而上地依托各区的发展动力，依托市场力量，培育一批潜力地区。比如上海的上生新所，更多是依靠区政府和企业的力量，在规划的重点地区之外形成了一批高质量的商务地区，也提升了这一地区的土地价值，增加了为老百姓服务的开放空间，让建筑可阅读，让城市更温暖等。

彰显特色，推动生态、人文、新经济的崛起

在"十四五"期间，天津还需要继续彰显生态与人文方面的特色，继续做好"+生态"方面的文章，也要做好"生态+""人文+"方面的文章。一方面通过植树造林、生

态修复做好生态屏障，另一方面也能提供给老百姓休闲娱乐的优质生态产品，部分地带动新经济的培育，实现绿水青山就是金山银山的目标。

一是推动"+生态"，强化生态建设和湿地保护。由于地形地貌条件方面的原因，天津森林覆盖率仅为12.07%，远低于北京43.77%、重庆43.11%，也低于上海14.04%，难以成为北京的生态屏障。因此，要加大植树造林力度，加强山林资源修复提质，尤其是在西部生态防护带地区，形成重要的生态屏障，保障京津生态廊道安全。同时，在保障粮食安全的基础上，退耕还林还湿，保护京津湿地生态过渡带，七里海湿地、大黄堡湿地、团泊洼湿地、北大港湿地等重点湿地资源，构建湿地公园体系，优化环首都生态格局与质量。

二是推动"生态+"与"人文+"，塑造亮点地区。当前的天津发展太缺乏亮点地区，亮点地区可以成为城市人气最富集的地区，是城市的新兴名片。做好"生态+"和"文化+"的文章，塑造天津一谷一湾、两河多点的亮点地区。

一谷是双城中间的津沽绿谷。取缔散乱污染企业和低效园区，实施生态修复，重现津沽风貌，适当引入新经济企业。一湾是蓝色国际海湾。推动更新，还河口与亲水岸线于民，解决生产岸线过多的问题。两河是海河和南北大运河世界级风华水岸。借鉴上海"一江一河"世界级滨水区的建设经验，实施"人文＋风景"策略，贯通两岸绿带，建设滨水碧道，让滨河空间更加宜人，精心塑造沿线沿岸公共空间，展示天津高等级文化影响力、人文活力，塑造世界级滨水公共客厅。

多点是营造人文品质街区。一类是改造一批老厂区、老厂房，打造符合年轻人群、创新创业人群喜好的消费空间、体验空间、工作空间，将"工业锈带"改造为"生活秀带"。另一类是老旧商业街（区）、传统街区的活化与再生，建设可体验的特色人文街区，促进业态活化，策划设计、体育、时尚等主题，营造街区生活。

"十四五"是天津转型发展的关键时期，需要通过坚定不移地优化功能、优化空间、彰显特色，来实现天津的再次崛起、再创辉煌。

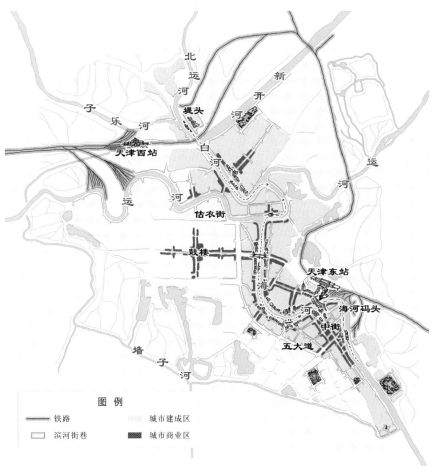

彩图 6-1 天津市历史地图

资料来源：秦诗文绘

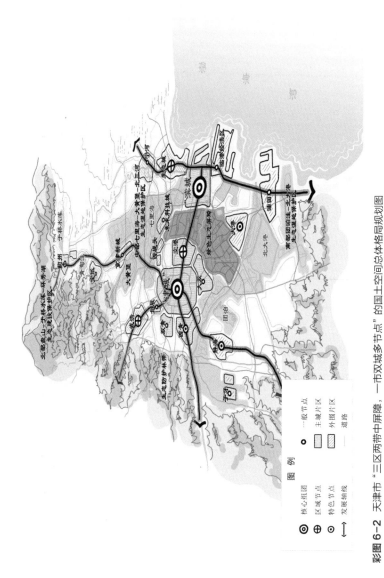

彩图 6-2 天津市 "三区两带中屏障，一市双城多节点" 的国土空间总体格局规划图

资料来源：秦诗文，据《天津市国土空间发展战略》绘

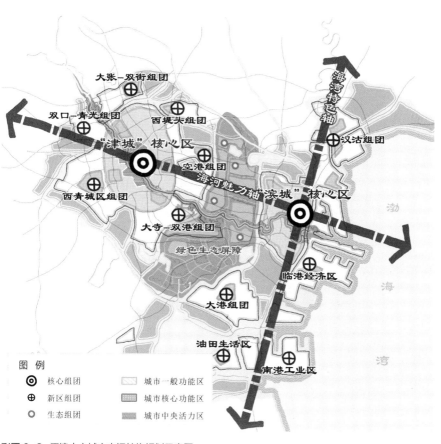

大张-双街组团

双口-青光组团

西堤头组团

海湾特色轴

汉沽组团

"津城"核心区

空港组团

海河魅力轴

"滨城"核心区

西青城区组团

大寺-双港组团

绿色生态屏障

临港经济区

渤

大港组团

海

油田生活区

南港工业区

湾

图 例

◎ 核心组团   城市一般功能区

⊕ 新区组团   城市核心功能区

○ 生态组团   城市中央活力区

彩图 6-3 天津中心城市空间结构规划示意图

资料来源：秦诗文，据《天津市国土空间发展战略》绘

第 7 章

十堰：
生态、人文、新经济的绿色家园

追求更美好的城市

武汉 / 上海 / 杭州 / 大连 / 天津 / 十堰

2012年《武汉2049》作为国内编制的第一个远景战略，无论是在过程还是结果方面都给了我们一次深刻的体会。《武汉2049》首次在增量扩张、突出竞争力发展的大背景下，要求城市慢下来思考大的发展方向问题，提出一个城市不仅要在经济上有竞争力，同时还要实现可持续发展，要关注生态问题、创新问题、人的需求问题、城市治理问题等，如今看来真的是有一定的远见。也可能是这样的视角打动了很多别的城市政府主政者，2013年我们接到了十堰市政府的邀请，希望我们去交流《武汉2049》战略编制的体会，也可以用第三方视角观察十堰这个城市，对这个城市未来的发展提出一点意见。

十堰是本书6个城市中唯一一个中等城市，而笔者先前对这个城市的认识可以说是基本空白，原先的不了解恰恰可以给我们一个相对客观的第三方视角。和人一样，每座城市都隐藏或者显露着一种气质，十堰所在的自然地理区位本不适宜产生大城市，但回溯历史，十堰称得上是集聚国家战略的飞地。依托农耕文明、工业文明与生态文明时期三大国家战略，十堰已成为以武当文化为代表的道教圣地，以全国第一、世界前三的东风商用车公司总部为代表的汽车产业基地，以南水北调中线工程调水源头丹江口水库为代表的生态要地，拥有"武当山""汽车城""丹江水"三张世界级名片。

历史上十堰区域是国家交界地区，战国楚割地于秦，成为秦人流放罪臣之地，元朝祭奉真武神，大修武当庙观成为朝圣之地，到明朝朱棣时期北修故宫，南修武当，让武当山区域地位显著提升成为道教圣地。国家三线建设时期，二汽选址在了如今十堰城区所在位置，在原来很不知名的五堰、六堰到十堰的小山村上面，建出了一座工业汽车城。从当初几百人的山村移民迁入，到20世纪90年代达到了40万人口规模，十堰此时开始真正成为一座城市，集聚人口、产业、公共服务功能，可以说此时是十堰城市发展的起步也是辉煌时期。此后十堰沿着工业化道路不断前进，依托二汽拓展出了汽车零配件等一系列工业园区。计划经济时代的十堰成为典型的工业城市，然而工业企业发展依然有其逻辑和规律，山地城市对二汽企业的进一步壮大产生了明显的局限，东部平原城市无论是对交通、用地，还是对市场产业链、供应链的快速反应都让十堰这座工业城市的发展遭遇了瓶颈。无论城市如何努力，2003年东风汽车总部还是搬迁到了武汉，一些汽车生产基地也在隔壁平原城市襄阳落地生根。东风总部的搬迁对于十堰而言是令人沮丧和悲壮的，那一时期媒体纷纷用"十堰被谁抛弃"这样的字眼形容这座悲情的城市，这一事件显然不仅仅是一个企业总部的搬迁，更多意味着这座城市本源的精神和灵魂抽离。

东风总部搬迁后的十堰城市是纠结和迷茫的：为了维护城市经济的增长，十堰不断地寻找新动力，建设工业园区，吸引工业企业投资；建设房地产，开山造新城；建设旅游项目，一切都是为了发展。而这些发展的动机和行为既有赞赏的一方，认为十堰这个移民城市不服输的精神值得敬佩，敢于开山破土向大自然要空间的行为还成为低丘缓坡治理的典范。但也有反对的另一方，认为无论如何十堰的发展模式都在以破坏生态为代价推动经济增长，这是违背自然规律的。城市环境变差了，生态被侵蚀了，更为悲观的是十堰并没有迎来想象中的经济快速增长。所以2013年的十堰正处于需要一场方向讨论的关键转折期，我们项目组正是在这个时间点进入十堰、观察十堰。

十堰毫无疑问是我国典型的生态型地区。生态型地区远景发展战略面临的首要难题就是如何平衡保护和发展的关系。坚持生态保护是十堰肩负的重要责任，也是国家对十堰的基本要求。但同时十堰300多万市民也有自下而上发展和提高生活水平的诉求，尤其是十堰市域范围内还有80万的贫困人口需要脱贫，如何在生态保护的同时让十堰市民享有更富裕的生活水平、更多的就业机会、更舒适的城市环境是2049远景战略面临的重要命题。要回答这一命题最关键的是十堰市民还有未来城市的主人如何判断和选择未来城市发展方向，《十堰2049》也是探索生态型地区远景发展战略技术路线的典型案例，"外修生态、内修人文、培育新经济"是我们此次战略的关键词。

十堰之问：生态型地区保护与发展能否平衡

生态型地区保护与发展的矛盾一直存在，发展思维也均经历了从单纯保护到包容性发展的过程，价值观念从环境保护优先、控制经济社会发展，转变为环境保护与经济社会发展一体融合。而此时的十堰正处于选择道路的关键转折时期。

保护：持续坚持的"生态立市"战略恢复了十堰的山清水秀

十堰生态战略：2004年，十堰市生态示范区创建工

作整体通过国家环保总局考核验收，列入第三批"国家级
生态示范区"；2005年，十堰市城区及六县市整体被国家
环保总局列为"国家级生态示范区"，成为继内蒙古呼伦
贝尔市后全国规模最大、范围最广的国家级生态示范区；
2009年，十堰市委、市政府提出实施"生态立市"战略，
着力打造国家级生态经济示范区；2013年，十堰市委、市
政府提出"外修生态，内修人文"，十堰被中华人民共和国
生态环境部整体列入国家生态文明试点城市（图7-1）。

　　十堰生态行动：这些战略背后是若干实在的生态保
护行动。十堰先后投入生态环保资金超50亿元，建设污
水处理厂62座、垃圾处理厂27座、垃圾处理池9.7万个；
全面开展5条不达标河流综合治理，整治五河排污口590
个，累计建成清污分流管网758km。大力开展"清水行

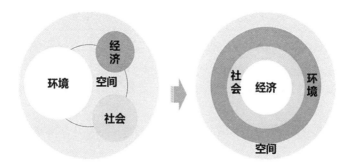

图7-1　从强调生态保护到包容性发展的模式转变示意
资料来源：作者自绘

动"，加大环保执法力度，立案查处环境违法案件157件，强制关闭35家排污不达标企业；近年来十堰市为确保库区水质安全，关闭转产规模以上企业560家，安置下岗职工6万人，永久减少税收22亿元，以用经济换环境的方法取得生态环境的大幅改善。

十堰生态支持：国家不断通过多种形式对十堰进行生态补偿，包括财政转移支付、受水地对丹江口库区的对口协作、南水北调受水区饮用水水价补偿、生态补偿资金反哺水源区生态建设等多种方式，以保障十堰市的生态保护与建设。转移支付增长迅速，2008年以来，中央财政按20%的递增幅度，逐年加大转移支付资金力度，2008年至2012年，十堰市累计获得中央财政转移支付达23亿元。2014年南水北调工程通水后，北京等受水地区对丹江口库区的对口协作也已全面展开，2015年到2020年间，北京市每年将拿出财政资金2.5亿元、共计17.5亿元对口支持十堰丹江口库区及神农架林区建设。南水北调受水区饮用水水价补偿制度逐步完善，南水北调中线工程调水水资源费的10%上缴中央财政，其余90%按比例（湖北省90%，河南省10%）在两省之间分配。

十堰生态成绩单：森林覆盖率不断提高，从1975年的30%提高至"十二五"期间的64.7%，分别高出全国、全省平均水平44.7%和26.3%（全国森林覆盖率约为23%，湖北省约为41%）。水质不断提升，十堰市全市河流、湖库水环境质量逐年提升，到2014年符合Ⅰ～Ⅱ类的断面占80.8%，丹江口库区入库河流及上游水系整体水质状况较优。公园系统不断完善，十堰市建成了8个湿地公园，整体改善环境品质。十堰市各县市区基础设施与城市环境得到明显改善，资金主要来源是国家转移支付，主要用于城市公共空间建设、生态环境治理、公共服务设施建设、滨水改造和民生补助，借助这些资金十堰各县市建成了生态宜居美丽的公园城市。

发展：人口、产业、城镇发展选择站在十字路口

人口发展：改善城乡二元结构与人口脱贫任务并存。十堰下辖的5个县市都是国家级贫困县，2014年全市贫困人口规模达到82.2万人，贫困发生率为33.5%，比全国贫困发生率高23.3个百分点[①]。据分析，十堰贫困人口的空间分布，以面状覆盖全市域乡村地区为特征。虽然每

---

① 资料来源：十堰市人民政府.十堰市扶贫开发建档立卡大数据分析报告[R]. 2014

年国家转移支付力度很大，市辖区外各县市接收的转移支付金额从2005年的15亿元增长到2013年的137亿元，但农民收入占全省平均水平的比重却从64%下降到59%，逐年稳定提高的转移支付和逐年相对下降的收入形成了鲜明对比。良好的生态环境目前还没有能转化成带动人口富裕的动力。

产业发展：输血与造血的博弈。十堰属于典型的财政转移支付支持力度较大的地区，但是财政转移支付政策属于典型的输血型扶贫，可以一定程度上弥补生态保护的代价，但却无法解决生态地区内源动力不足的问题，难以实现经济活力与生态保护的共赢，也难以实现居民共享发展果实。就业岗位的下降和补充不足往往是生态地区面临的核心矛盾。所以一段时间对生态地区造血式扶贫话题被提上了议程，有些专家认为[①]"贫困地区要真正脱贫，还是需要有产业支撑，没有产业支撑的扶贫很难保证不返贫""要设立扶贫项目投资产业基金，从输血扶贫变为造血脱贫"。十堰曾经走过一段造血式脱贫道路，各个县市大力推行工业园区建设，期望通过工业园区建设招商引资

---

① 资料来源：http://www.npc.gov.cn/npc/zgrdzz/2014-02/11/content_1826067.htm，中国人大杂志

吸引企业入驻，从而解决就业和人民生活水平提升问题。但经过一段时间的实践，发现山地各县市区工业区普遍存在"高成本，低效率"的问题，如一个县工业园每亩土地基础成本50万元，出让价格仅十多万，并且建成后还遗留平山建园区的后遗症：如厂房道路沉降开裂，填沟用地积水深不稳定，大大增加了建设与运营成本。而且企业招商引资效果并不理想，大规模工业化并不适合这类交通不便的山区。总体来看，工业化造血脱贫战略并未达到预期的效果，反而给当地生态带来了破坏。而十堰拥有的武当山等世界级的旅游资源存在潜力挖掘不足等问题，工业化和旅游发展两手抓带来城市发展方向的左右摇摆。

城镇发展：城市空间增长蔓延与对自然山水的尊重不足并存。十堰武当山"人法地，地法天，天法道，道法自然"的建设理念与天人合一的建筑布局模式是宝贵的财富。然而在很长一段时间内，十堰为了寻找更多的建设用地来承载东风回归和不断增加的城市人口，以低丘缓坡治理为契机，推动城区建设空间的急剧增长。而这一过程是以经济导向开山建设模式为主，带来的是高密度的旧城更新，造成了城市空间的急速蔓延，破坏了十堰原有的山水格局，使得城市只见城在山中，不见山在城中。总体看十堰该阶段的城镇化道路有复制东部平原城市发展模式的特点，丧失了本土特色。所以项目组在十堰调研访谈过程中明显感受到城市存在两类有所冲突的观点，一方认为经济发展总要以牺牲一些生态环境为代价，而另一方认为十堰的生态环境保护是第一位的，牺牲生态的发展不符合发展导向，更何况牺牲生态并没有带来所期待的经济快速发展。这或许是城市编制远景战略的一个重要背景，此时的十堰城市内部存在着很多对未来方向的争议和讨论，需要第三方视角结合地方诉求给出一个客观的判断。

总的来看，与上海、武汉、成都、长沙等中心城市不同，十堰代表着生态地区保护与发展的博弈和争论的典型问题。而且根据项目组从第三方视角出发的评估结果，此时的十堰确实站在了战略方向选择的十字路口。从长远视角我们判断十堰虽然无法在经济总量上与中心城市相比，但是在生态文化特色资源上却有能力谋求全国乃至世界的影响力。不以"体量谋发展"，而以"特色谋地位"，是十堰需要坚持和践行"绿水青山就是金山银山"的独特发展路径。

路径选择：生态地区的"转型与再生"模式

无论是国内生态地区面临的阶段性矛盾，还是国际先发生态地区发展的经验都表明生态地区的发展与一般城市地区发展模式存在着差异性。在承担《十堰2049远景发展战略》项目过程中，我们发现无论是输血还是造血的动力选择都仍然照搬一般城市地区发展模式和传统路径，而十堰以往的经验告诉我们，这样的发展模式不能解决地区发展的核心矛盾。而打破传统思维模式，换一种战略选择方向，似乎对生态地区更为适合。于是战略尝试性地总结提出一般城市地区自然发展型和生态地区转型再生型两种发展模式。

从城市生长规律看，一般城市地区发展战略存在竞争力和可持续发展两条主线。在城市发展初期，也是城市相对低水平均衡发展阶段，城市竞争力和可持续都处于缓慢提升期；进入工业化时期，城市迎来快速成长阶段，这一时期城市通过工业化的推动竞争力往往得到快速提升，但是可持续发展一度被忽视，竞争力提升的同时带来程度不一的环境破坏问题；当城市进入后工业化时期，一些城市尤其是中心城市开始更为关注可持续发展，强调竞争力与可持续两者并举的发展路径。这样一类城市我们称之为自然发展型城市，在不同阶段都面临着转型发展的要求，但是城市是沿着一定的路径和轨道自然转型发展的。应该说我们前文承担的大量城市战略都选择了这样的城市发展路径，如武汉、天津、大连、杭州等。

对生态地区而言，如果沿用一般城市发展路径，在现实发展中则面临着不可调节的矛盾。前文所述的许多生态地区也通过工业化造血等发展路径试图通过输血式扶贫解决生态地区竞争力提升的矛盾。但是这种对传统城市战略的路径延续显然不能解决生态地区发展的问题。相比于一般的城市地区，生态地区本身就是一个带有先天约束条件的地区，这一地区发展方向面临的首要约束条件就是生态

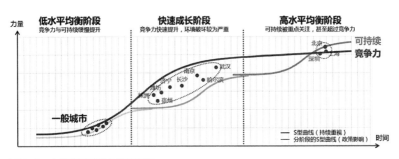

图7-2　自然发展型城市发展路径

资料来源：作者自绘

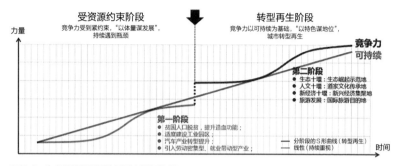

图7-3 生态地区转型再生型城市发展路径
资料来源：作者自绘

保护是第一位的，因此这一地区发展需要寻求的是约束条件下的发展效益最大化。是一种转型再生型的发展模式，这一地区需要寻求的是如何将自身的约束条件价值化，并将其转换为自身的竞争力，到一定阶段它的发展是既经历转型也面临着发展方向的转折。

从国际先发生态地区发展路径来看，生态地区实现绿色崛起的首要条件是强化自身的先天约束条件即生态本底，因此任何破坏生态带来发展的道路显然都是不可持续的路径选择，对于生态地区而言最为核心的是如何强化自身的约束条件，要不断地"+生态"，将生态地区原本的约束条件不断强化并挖潜其价值转化为优势条件，拉开生态地区与一般地区生态条件的差异性。当生态地区约束条件强化到一定阶段，而这一区域开始进入生态文明时代后，通过彰显生态价值，选择适合的发展战略，不断培育新经济和新动能，实现生态地区的转型与再生；通过实施"生态+"战略，实现生态地区功能、产业、人民生活水平的不断提升，缩小与其他地区发展的差距，成为资源有特色、经济有实力、人们生活水平不断提高的更具影响力和更富魅力的地区。

区别于一般的城市地区，生态型地区发展模式和路径的选择需要新的视野，一方面需要放眼全球，重新思考生态型地区发展更为有效的方式，我们通过案例研究发现无论是世界公园瑞士还是北方明珠日本北海道，抑或是国家公园门户盐湖城，生态文明地区的绿色崛起无一例外都强调了生态保护、人文传承与新经济的培育，也就是有风景的地方就有新经济。另一方面，在国家"两个百年"发展目标的指引下，未来是一个积极迈向世界制造强国的时代、一个更加强调生态文明的时代、一个中华文化伟大复兴的时代。在这样的中长期发展趋势下，十堰应当秉承坚持生态立市、文化彰显和产业升级的战略与使命。基于长远的价值观指引，2049规划提出十堰的远景发展总目标是生态十堰、人文十堰和新经济十堰，力争将十堰建设成为拥有更加生态的山水环境、更富魅力的人文空间、更加开放的新经济载体、更富品质的宜居生活，具有独特地域个性和较大国际影响力的绿色家园。

战略建议：外修生态、内修人文、培育新经济

在发展路径选择相对清晰的判断下，战略给十堰市委市政府提出的核心策略是"外修生态，内修人文，培育新经济"。在空间战略上建议"保护一大片、做美一中片、建好一小片"。

外修生态：建设生态文明的典范地区

1.生态立市

生态立市是十堰的首要战略，以建设国家级生态示范区与国家级核心水源地为发展目标。

首先，坚持道法自然的生态理念，保护区域生态安全。优化建设方式，合理保护与利用山体、设定开发条件，将坡度大于25°及相对高程大于90m的用地作为永久性保留山体；强化绿色安全，推行"伐一还一"森林保育机制，实现良性循环发展；优化滨水岸线利用，控制1km滨水区开发比例不超过20%，提出"完全保护型、保护性

建设、建设性保护"三类生态岸线；建设海绵城市，提出"源头—迁移—汇集"三级海绵设施体系，实现中心城区年径流总量控制率不少于75%，让城市融入自然。

其次，提升生态资源品质，深度挖掘生态本底价值。提升森林覆盖率至80%，实现全域覆盖；优化植被结构，逐步提升现有林地规模，培育经济林种，增加林业碳汇；建立跨行政流域保护边界与机制，以大流域的思维统筹管理流域环境，保护国家水源地；同时，注重涵养高端水质，提升Ⅰ类水体比例至不少于50%，培育高端水质输出产业。

最后，构筑蓝绿交融的生态格局，稳定"八山一水一分田"的原始生态格局，划定43%的用地为生态红线保护地区，实行最严格保护；建设25座郊野公园，落实外、中、内三层生态廊道，形成"郊野有景、城中有园"的生态城市景象。

2.人口收缩

对十堰这类生态敏感地区，从长远和区域视角判断未来这一地区人口规模将逐步稳定并趋向收缩。因此十堰远景战略人口规模预测从增长思维转向收缩语境，理性看待未来十堰城市人口增长趋势，客观判断十堰人口总量，预测远景人口规模总量约为300万。总量收缩的同时要更加积极地释放人口的结构红利和人才红利，强化人力资本支撑，构筑开放共融氛围，满足多元人群的发展诉求。

针对十堰贫困人口数量多、比重高、类型多元的特点，实施有"迁"有"留"的精细化分类脱贫方式，通过异地城镇化、在地职业转型以及服务均衡配给等方式，多渠道实现贫困人口福利正增长。

3.空间分层

生态地区未来城市建设不在于建设用地规模的大小，而在于建设模式的转变。提出十堰用地布局从增量规划到减量规划，收缩规划用地规模，尤其是压缩外围生态地区的大型工业用地规模，弹性增加旅游休闲、新经济功能用地规模。重点对空间布局模式提出新要求，提出十堰市域空间分层理念"保护一大片，做美一中片，建好一小片"。

保护一大片，构建绿色基底。控制外围生态地区的人口数量，引导山区超载人口逐步向重点城镇特别是市区、县城有序转移，鼓励有迁居能力的外出务工人口实现异地城镇化；外围生态地区着力发展特色产业，促进现代农业和乡村旅游业发展，严格限制对环境有影响的企业入驻；识别地区的各类生态资源，根据生态保护等级将地区划分为生态保护红线区、生态缓冲区和生态建设区，各类生态区的功能导向和空间模式实行差异化；加大地方财政对生态补偿和生态环境保护的支持力度，加强生态移民的转移就业培训工作。

做美一中片，依托武当山旅游资源，与周边景区联动，建设十堰的大武当公园。构建风景化的旅游交通体系，加强旅游服务设施支撑，并理顺管理体制，将景区的管理权和经营权分离，保证各片区旅游开发的协同性。

建好一小片，做强市区组合城市。采取集聚发展模式，引导市域人口和产业向市区周边集中；整合区域优势资源构建一体化发展的组合城市地区，强调组合城市内部的功能协同发展，形成空间上不同的职能分工。国际职能向东联系武当，构建国际知名的文旅胜地，建设以武当山为核心的旅游休闲服务特色景区；城市服务职能北上联系郧阳，塑造产城融合的新城区，将十堰老城部分生产服务及教育职能北迁，构建汉江汽车城2.0以及现代化教育园区。因此对一些原规模扩张很大的工业园区进行规模压缩，每个县市工业园区面积不超过5km²。

内修人文：彰显古今交融的文化魅力

1. 文化彰显

以武当道教文化为代表的十堰文化底蕴深厚，是国家乃至世界的瑰宝，但目前十堰文化名片未能得到突显，城市集体记忆和文化遗产保护不足，城市文化设施匮乏。2049年是中华文化崛起的时代，文化彰显战略是十堰实现"生态、人文、新经济"远景战略目标的重要支撑。规划提出未来十堰需要建设为世界道都、中华车都、汉水古都的文化建设目标，并相应提出4个策略。

第一，通过玄武道山、贵生道湖、合一道宫和无为道学这武当四道的塑造，传承发扬武当的道文化，加强对外

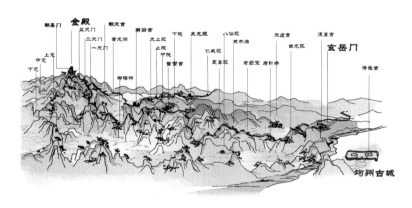

图7-4　八百里巍巍大武当

资料来源：作者自绘

文化交流，建设国际道教海外交流平台及全球武当武术展示基地，推动武当文化走向世界。

第二，保护和利用具有价值的工业厂房，重塑百里车城风貌，彰显车都文化底蕴，打造中国的商用车文化。

第三，梳理并整合汉江沿线文化资源，融合多元文化，打造地域的汉水古文化。

第四，完善文化设施，建设贴近和服务百姓生活的文化五城，包括博物馆之城，读书之城，科教之城，养生之城和武术之城，策划多样节庆活动，扩大文化五城影响力。

2.全域旅游

十堰拥有丰富的旅游文化资源，包括世界文化遗产武当山、亚洲第一大人工淡水湖丹江口水库、国家级旅游度假区太极湖以及属于秦巴生物多样性生态功能区的林区资源。但是旅游资源的价值挖掘仍显不足，旅游空间组织缺乏链接和整合。旅游发展是未来十堰实现绿色崛起的关键路径，规划提出以国家公园建设整合分散的旅游资源，提升旅游产业在区域乃至国际的影响力。

在市域层面，结合神农架成为第一批国家公园的契机，借鉴美国国家公园的建设经验，打造武当山国家公园，整合武当仙山国家公园区、丹江天池国家公园区和高山林区国家公园区。依托武当山景区和太极湖休闲度假区，打造武当仙山寻道游；依托丹江口水库景观资源，打造滨湖自然风光和自驾休闲游；在南部紧邻神农架的高山林区依托自然山水资源和多样性野生动植物资源，打造高山林区探秘游。3个国家公园区之间实现交通、信息、服务资源的联动共享。

在区域层面，以国家公园概念联动区域旅游人文资源，将十堰的武当山国家公园区和神农架原始森林、宜昌三峡风光、襄阳古城形成联动的整体，向西北对接西安、向西南对接重庆，向东北对接洛阳和郑州，向东南对接武汉，融入周边区域国际旅游圈的整体发展。构建"襄十宜成长三角"打造国际旅游圈枢纽，向西北链接西安可融入国际旅游格局，向东北链接郑州、洛阳可构建"武当-少林"的传统文化旅游线，向南链接神农架、宜昌可构建"两山-两江"的山水历史旅游；打破湖北省"一城独大"的区域发展不平衡格局，与襄阳、宜昌一同形成鄂西地区生态崛起的稳定成长三角。

培育新经济：强化新经济引领的产业格局

1.产业升级

产业升级战略是十堰实现可持续发展的重要保障，在现状产业基础上坚持汽车2.0、旅游2.0、服务2.0、农业2.0的产业升级战略，并结合生态文明地区发展趋势和应对互联网+等时代背景积极谋划新经济1.0。第一，重塑汽车产业结构、生产模式、产品类型及空间布局，打造世界商用车之都，构建汽车2.0；第二，面向未来趋势，依托武当品牌，构建以度假休闲、健康疗养为核心的旅游2.0模式；第三，依托职教、医疗等区域优势资源，提升生产性服务业，打造四省交界地区服务业高地，构筑服务2.0；第四，发展三次产业融合的农业2.0新模式，突出林业等十堰特色资源，加强农业产业化与规模化；最后，借力"互联网+"等新技术，依托生态环境优势培育多种新经济格局，将十堰打造成为新经济策源地。

2.交通开放

生态型地区要实现新经济发展目标，快速开放的交通可达性是前提和支撑。十堰处于区域交通网络化加速、城市组团融合发展提升的关键时期，应当积极把握高铁、航空以及城市轨道等设施建设的契机，对外构建全面开放的四省交界地区交通枢纽，对内构建绿色快捷的城市交通体系。

一是在区域层面构建复合多向联系的交通廊道，实现区域互联互通，重点打造"武汉–襄阳–十堰–西安""洛阳（三门峡）–十堰–神农架–宜昌"以及"十堰–安康–重庆"的复合交通走廊。二是在规划区层面完善布局、整合功能，围绕高铁站、机场建设长途客运站、旅游集散中心，打造综合型交通枢纽。三是依托城市轨道交通，构建"T字形"骨干交通系统，链接组合城市地区分散城市建设组团，形成市域聚心一体化发展的地区。四是鼓励绿色交通出行方式，以轨道、干线公交为骨架支撑，以绿道、慢行体系为品质保障，积极发展集约、高效、低碳、环保的城市绿色交通系统，支撑生态文明建设。

再回首：十堰蝶变在发生

《十堰2049》战略编制时更多的是在城市发展十字路口选择时给出了一个方向的判断，战略措施或许不那么精准和具体，但是核心的问题是看清发展方向。当时的市领导如此描述编制战略的出发点:"方向比速度重要,我们耳熟能详。不解决方向性问题,我们越强化,越会出问题;不解决动力性的问题,城市就没有活力。'担心'时刻伴随着十堰,'担心'速度慢丧失机遇,'担心'速度快是否经得起历史检验、是否对得起后代子孙。我们一定要深化对发展方向、动力的认识,不能因为失误而犯方向性错误。要有"功成不必在我"的胸怀,一步一个脚印,把十堰建设好、发展好,对历史负责,对后代子孙负责,对未来负责。"十堰的实践更多的是我们诊脉后的一次抉择,而不是可以呈现完美的药方。

提交我们的研究报告后,我们更深的体会是30多年后,世界如何变化我们无从知晓,但在《十堰2049发展战略》中,紧抓趋势判断,不求结论的准确而追求方向的正确。我们努力思考,对于十堰什么是不变的,什么是变的。"清楚不能做什么",才能抓住不变的价值判断,凝聚全市人民的共识;"清楚要做什么",才能抓住机遇,避免给城市发展留下遗憾。我们感到欣慰的是"生态、人文、新经济"的战略方向在十堰逐渐深入人心,《十堰2049战略》集册出版,在政府机构、企业单位、合作宾馆等地方发放、宣传,如今我们再回头看十堰这些年的行动,更多得到了正向的反馈。

守护水源，生态保护与修复工作成绩单越来越亮眼

回首五年多时间，十堰的生态修复保护工作成绩单越来越亮眼。在《十堰2049战略》指引下，2016年《十堰中心城区山体保护条例》（以下简称《条例》）出台，明确了"谁开发谁修复、谁破坏谁治理"的山体责任机制，成为十堰的首部地方性法规。2020年，依据《条例》编制的《十堰市中心城区山体保护规划》获市政府批准实施，进一步确定了中心城区范围内232座、124.18km²的保护山体，详细划定了每座山体的保护范围。一些政府官员从原来的"开山派"转向了"护山派"，他说"十堰当年开山吸引东风回归我是赞成的，但是现在及时制止开山保护山体看来也是正确的"。

"生态立市"的共识得到进一步凝聚。十堰率先创建国家生态文明建设示范市和全国"绿水青山就是金山银山"实践创新基地，是湖北省唯一的"双料冠军"；丹江口获评全国第四批"绿水青山就是金山银山"实践创新基地；竹溪县创成国家生态文明建设示范县；8个县市区创成省级生态文明建设示范县。为守卫国家南水北调中线工

程水源地，丹江口先后关闭化工、钢铁、电解铝等污染企业100多家，近年来累计拒绝高耗能项目120多个；丹江口水库水质稳定保持在Ⅱ类以上，保障南水北调中线工程累计调水351.7亿m³，惠及6700万人口。

全面脱贫，人口迎来"结构红利"

下足"绣花"功夫，十堰的脱贫攻坚工作取得了决定性战果，456个贫困村出列、8个贫困县（市、区）摘帽。通过易地扶贫搬迁、产业扶贫、教育扶贫、交通扶贫等方式，十堰因村、因户、因人施策，有效开展多维扶贫。其中，十堰尤其重视教育脱贫，控辍保学，让每一名适龄儿童少年都能享受义务教育。全市文盲率从2010年的7.10%下降为2.18%，已低于全国平均水平，广大贫困地区的人口素质大幅提升，为巩固脱贫成果、实现乡村振兴打下了基础。

与战略预期一致，十堰人口平稳收缩。2020年人口约330万，10年间总人口数下降了4万人左右，十堰的人口规模已经收缩。同时，城镇化率水平也实现了比预期更高速的发展，已然突破60%的大关。全市人口布局在收缩中得到优化，中心城区承载能力充分释放，外围生态地区人口数量得到控制，山区超载人口逐步向重点城镇有序转移，城乡人口更有序地流动。

在告别"数量红利"的同时，十堰逐步迎来"结构红利"。即使在2020年疫情的影响之下，十堰全年旅游总人次依然突破了9000万，迎来了全球各地的旅游人群，亦有不少被武当文化等世界瑰宝所吸引的人，留在了十堰。未来，十堰应该可以挖掘、发挥"移民城市"的基因特质，长期交流、引进更多行业精英，推动高素质服务人员的增长。在此努力下，期待中的"结构"红利也将逐步显现。

全域旅游，新经济翩跹而至

近年来，十堰旅游业开始全域发展、蓬勃创新。过去墙外开花、墙内养在深闺人不知的武当山，推出"武当369"旅游品牌大IP，"3分钟忘掉自己、6分钟忘掉世界、9分钟天人合一，到武当山去过几天神仙生活"，传统旅游业迎来了新思路新局面。而深厚的文化遗产、优质的生态环境也为十堰带来了更多文旅市场的青睐，房县西关印象、汉水九歌等大型项目顺利引入，成为拉动新消费发展的引擎。

以樱桃沟、方滩乡等为代表的"赏花经济"开启了十堰乡村地区乡村旅游发展的拓展之路。家家民宿店、农村变景区，常态化举办文旅节庆活动，孵化打造网红打卡地，乡村旅游比预期发展更积极、更开放，已经逐渐走向品牌化品质化的发展之路。全域旅游以世界级的遗产、国家级的资源吸引了全球、全国的旅游人群，也"游活"了农村地区。

新经济翩跹而至，十堰动力性问题有着可观的改善。一方面，以东风为龙头的汽车企业转型发展良好，十堰29家企业入选湖北省"隐形冠军"，约占全省总数的1/10。在大力突破新能源商用车关键技术的同时，十堰汽车行业也主动融入移动互联网、移动支付技术以及现代物流技术。2019年，十堰市与中国工程院战略咨询中心签订合作协议，培育百强企业、打造百优产品。2020年，中国工程科技十堰产业技术研究院成立，积极推动十堰重点产业的技术升级和转型发展。另一方面，农村电商实现突破性发展，十堰绿松石电商交易额超过3亿元，房县黄酒在淘宝网上的黄酒类销量排行榜中仅次于绍兴黄酒，十堰香菇、木耳、茶叶、丹江鱼等特产借网热销。

提升品质，建设人人称道的城市

"保护一大片、做美一中片、建好一小片"，对于过去开山发展的十堰中心城市来说，"建好一小片"的压力似乎是最大的。中心城区山体保护形成法规，向山要地的方式必须转型，城市用地更多地开始思考与山水融合，城市建设在生态立市战略面前可以必要性地收缩、退让。而百二河生态修复、四方山生态公园等生态修复项目在十堰推广，致力于打造"推窗见绿、出门见园、就地健身"的绿色生态圈，让山水与城市、生态与人文各美其美、美美共融。

提升品质、精细治理成为城市建设的新共识、新名片。十堰出台《武当山古建筑群保护条例》《十堰市汽车工业文化遗产保护和利用办法》，对武当山古建筑、东风悬架弹簧厂、通用铸锻厂等遗产进行合理保护与利用，让古今交融的文化魅力与城市建设交相辉映。《十堰市中心城区建筑立面指引》《十堰市中心城区建筑色彩指引》和《十堰市美丽乡村建筑风格指引》，让十堰这座城市轻轻安放在"绿水青山"之间，画好"建筑山水图"。

十堰各县城也先后进入提质增效发力阶段，如郧西县城恢复"古八景"，结合绿道建设提升环境品质；上津古镇更新整治，开放明清古街，重现上津天子渡口风采；诗经故里房县突出荒山绿化，建设"绿美县城"等。外修生态、内修人文逐渐渗透到城市建设中，驱动十堰成为一个人人称道的城市。

再回首十堰的这些年，《十堰2049战略》最大的作用就是解决了方向性问题，凝聚共识，让城市走上了"以特色谋地位"的发展路径。汉水两岸遍植有郁郁葱葱的松柏，20世纪70年代种下的树苗如今也不足十丈之高。30年后，当我们将更加美好的城市家园交予子孙后代，相信他们能够从中感受到我们对十堰的这份责任。

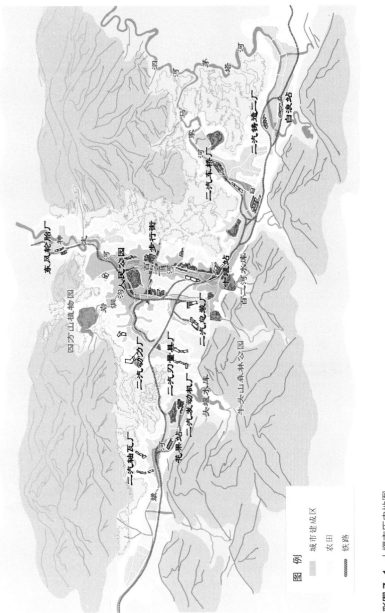

图 例

城市建成区

农田

铁路

彩图 7-1 十堰市历史地图

资料来源：秦诗文绘

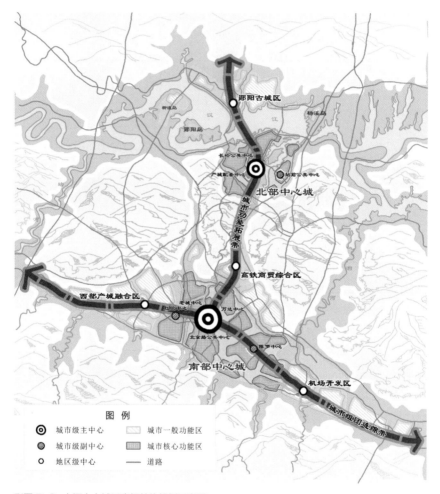

图 例

◉ 城市级主中心   城市一般功能区

◐ 城市级副中心   城市核心功能区

○ 地区级中心   —— 道路

彩图 7-2 十堰中心城区空间结构规划示意图

资料来源：秦诗文，据《十堰2049远景发展战略》绘

第 8 章
CHAPTER 8

面向未来的城市

未来的新趋势

当前，我们正处于一个"百年未有之大变局"的时代，科技的日新月异，国内外环境的快速变化，带来了整个经济社会发展的巨大变革。

从全球大局势来看，一方面，新冠肺炎疫情全球蔓延加剧了大变局的演变，使得大国博弈更加激烈，国际经济、科技、文化、安全、政治等格局都在发生深刻调整，全球都进入一种新秩序建立的重大调整期。这对每个城市而言都将是全新的挑战。另一方面，应对气候变化成为全球关注的焦点，低碳发展与碳中和已成为各国面向未来的共同努力方向。减少化石燃料的使用，推动能源系统的革命是各地面向未来的必然选择。

从经济社会发展来看，一方面，科技革命推动了技术发展的变化，人工智能、互联网等将更加深度地融入社会经济各领域，从而带来生产生活方式的巨大变革。城市大脑、智慧交通、数字城市等都将成为未来城市发展的重要方向。而"自主+可控"的硬科技也必将成为未来城市发展与竞争的关键。另一方面，在社会环境层面，全球人口总量在2030年将从现在的73亿人增长到85亿人左右，未来将有2/3人口居住在城市；在人口结构层面，老龄化将不断加剧，根据七普公报的解读，2030年我国60岁以上的老年人口将达到约4亿；中产阶级的人数将不断增多，增长到8亿左右；儿童的成长将成为未来关注的重点，人口结构的变化也势必带来城市发展模式与重心的变化，刚进入城市的青年成为城市的"新市民"面临城市高房价等问题的困扰，中年人在科技日新月异的变化下，也更加焦虑，呼吁"全龄友好"成为新一轮城市发展的社会刚性需求。

与此同时，在全球气候变暖，极端天气频发的背景下，以生态文明作为城市发展的总体目标，以可持续发展作为城市发展的核心主题，成为城市未来发展的共同导向，期望人与自然关系将更加和谐，生命共同体的理念将成为大家的普遍共识。同时人自我意识的觉醒和文明的进化将不断强化，对文化的追求、对自我价值实现的需求、对个性化发展的诉求，对儿童成长的关注、对弱势群体的关注也将日益强烈，这也必然带来未来经济社会发展环境的重大变革。

未来城市的变革

都说城市是时间在空间上下留下印记的最重要的载体，因为在城市中，我们可以阅读历史，解读当下，窥望未来。新的发展趋势下，城市的发展也将随着历史车轮滚滚向前而不断演变。如今，技术的变革、经济社会环境的变迁比以往任何时候来得都要迅猛，对人们的生活的改变也日益明显，这毫无疑问将带来城市发展的快速变革。我们尝试对未来发展的变革做一些判断：

建筑领域的变革。分布式能源将成为未来设施布局的基本模式，建筑不仅仅是居住工作的单元，也是供能、用能和储能的单元。随着低碳发展的深度推进，大规模集中储能与供能设备将进一步减少，取而代之的是越来越多中小型的分布式能源设施，分布在不同层级的空间单元中。能源的输送和利用上采取分布式布局，有利于减少长距离输送带来的能源损耗提高利用效能，也能够保证更强的灵活性与安全性。与此同时，每一栋建筑都将成为分布式能源系统的重要组成。通过在建筑屋顶和立面安装可接收足够太阳光能的材料，并通过信息入网，每栋建筑都化身成一个个小型发电站和储能站，就地收集绿色能源，供自身使用，有盈余也可并入电网。不久的将来，每栋建筑物甚至每套设备、每台车辆都将具备输入和输出能源的能力，并与范围更大的电网保持不间断的联系，从而形成整个城市内部与外部同步循环的微电网系统。在未来的建筑中，融合太阳能利用技术、设计艺术等而形成的建筑新美学，将对城市风貌形成新的影响。

超智慧社会的兴起。随着人均寿命的变长，以及大城市少子化的影响，一方面城市的抚养比会大幅增加，另一方面，城市中的老龄人、儿童等多元人群需要更多的关注，城市建设需要更多的温度，同时也需要通过智慧手段辅助城市来养老。老龄化不断加剧、新生儿不断减少，是全球性趋势，也是未来城市建设与发展的挑战目标与挑战。随着社会5.0时代超智化社会的来临，不同人群的需求将进一步细分并得到满足。老年人将不仅仅被置于养老院，而是会有更多能让老年人积极融入、参与活动并感到安全的城市环境和社区；儿童友好也将成为普遍的需求，未来的道路上会有更多满足儿童上下学的学径、社区会更有更多满足儿童日常活动的设施，城市公共空间中也会有更多适合于儿童活动的场所。此外，对残疾人等其他弱势群体的关注将成为未来社会价值的重要体现。能为各类人群精准服务的"超智慧社会"(社会5.0),将打造出可满足人群多元生活需求的全人类智能化的基础网络设施。

绿色交通的回归。随着低碳交通理念的深入人心,交通出行的理念也将改变,城市中的小汽车将不断减少,共享交通、绿色出行将成为未来出行的主要方式。未来将形成分布性更强的点对点交通系统系统,可共享网络模型、共享租车、可感知实验室等将使绝大部分的出行实现共享。组合交通时代即将来临,智能混合动力电单车将彻底改变骑行体验并使之网络化,未来的生活方式将是骑自行车、开共享汽车或步行,无人驾驶汽车可以共享生活、24小时运转。绿色出行将成为未来的主要出行方式,低能耗、低污染和低排放的出行成为大众的共同选择,这不仅让人的身心更健康,也会让城市生活环境更低碳环保。城市交通系统出现多样化的选择,"窄马路、密路网"小街区的高效率通行模式将更为普遍,城市空间布局也将向更加精细化治理转变。

街道活力空间的向往。随着技术越来越快的发展,人类对基于面对面交流的交往空间的需求会强烈,多元混合的空间将成为令人向往的未来城市建设的主要模式。随着未来人们对居住、游憩、工作、学习等功能的需求日趋复合化，城市各个组团的功能与空间组织将会呈现出多样化复合的特征。建筑、公共空间、街道、绿地等进而在空间上相互交织渗透，充满活力的各种功能与活动交叠。未来将不再以单纯的居住区、办公区、工业区等划分用地，而是采取更加灵活、多样的用地布局和功能配置，将各种不确定性纳入空间应变的种种考量，才能使未来城市空间具备可持续的迭代能力。

数字孪生城市的出现。万物互联下的数字孪生城市将重塑人们的生产与生活方式。在这个变革与创新的时代，一切皆可编程，万物均可互联。作为智慧城市的升级项，数字孪生城市将通过信息技术的深度应用，给城市一个数字克隆体，使不可见的城市隐形秩序显性化，城市肌体每个毛细血管的一举一动尽在掌握中。建筑的门窗系统、水电管道运营、外部停车系统等整个生命体征，都将通过数字孪生得到全方位监测，并可得到实时的体检与反馈。线上线下的融合，将城市的各个楼宇、各项设施打造成为一个个真正的智能体，进而实现城市信息模型的全城智慧化。同时，新的信息交往方式，居家办公、无工作场所办公已经开始流行，未来人们的生活和就业选择更为多样化。面向未来，城市治理可望向"智"理升级，城市病可望被"智"疗，未来城市治理和公共服务将不再是盲人摸象。

重新定义宜居城市。中层中密度的建设模式是未来人与自然和谐共处更可持续的空间形态。未来城市并不意味着楼越来越高，城市越来越密的水泥森林式场景。未来人们将不再对高楼大厦趋之若鹜，而是更为向往那些中等高度与强度，但环境优美，设施丰富的建筑与社区。长期实践表明，"高层高密度"和"低层低密度"两种开发模式都不能适应我国的发展要求，未来应加强探索居于其间的"中层中密度"的开发模式。"中层中密度"开发模式是走向紧凑城市的必然选择，不仅可以提高城市建设用地绩效，也更有利于营造舒适的城市环境。面向未来，坚持可持续发展的方向，大城市更倾向于局部高强度开发、整体"中层中密度"的开发模式，中等城市与小城市更倾向于整体"中层中密度"的开发模式。

地域文化城市的重塑。历史的记忆、人文的回归将是人们面向未来变化更具归属感的心灵需求。随着科技的进步，人们对心灵家园的追求会进一步加剧。一个城市的发展若不根植于当地的历史文化，也将难以展现历久弥新的精神面貌；而城市的历史人文精神比起建筑形态，其作用更重要、意义也更深远。因此，应将历史人文作为城市建设的起点与终极使命，尊重每座城市的历史人文并将其融入规划建设之中，并将城市深厚的底蕴呈现于城镇乡村、大街小巷、湖水林田之中。

后 记

　　从2012年开始谋划武汉远景战略开始，至今已经整整十年。这十年，既是国内外环境形势风云变幻，城市发展面临未知挑战加剧和艰难求变的十年；也是中国城市历经变革，真正意义上走向深度转型和探索求新的十年。本书选取的六个城市，是这十年中笔者深度走访和研究过的城市，也从一定程度上代表了中国不同地区城市在谋求突破发展过程中的经历与实践。

　　都说"不谋全局者，不足谋一域。不谋万世者，不足谋一时。"城市作为一个复杂的有机生命体，在每个不同的历史时期，都会伴随着对其发展方向、路径、模式等的思考与探索。在此背景下，兼具综合性、前瞻性和灵活性的战略规划往往成为地方政府破解当下困局的重要选择。可以说，每一次探索，都是在当时的时代背景下，从更长远和全局的视角，试图为城市谋划一个更具前景未来的突破性尝试。回顾战略规划历程，从2000年广州战略提出的外延式空间扩展，到2012年武汉2049的竞争力与可持续两条线索，国内的战略规划实践似乎呈现十年一阶段的发展特征，像"年轮"一般在城市发展史上勾勒出一道道清晰而有力的印记。所以从这个意义上来说，对这六个城市的回顾与巡礼，既是一种方法与思路的探索，也代表一种时代记录与反思。

笔者关于新一轮战略规划思路的探索，最早是在武汉2049远景战略前期专家务虚讨论中逐步确定的——"不在于数据的准确，而在于方向的正确"，在这一思路的指导下，新一轮战略规划探索之旅就此开启。在《基于竞争力与可持续发展法则的武汉2049发展战略》（《城市规划学刊》，2014年第2期）一文中，笔者初步总结了新时期远景战略规划的基于"竞争力"与"可持续发展"两条技术线索及相应举措；而后在《知识-创新时代的城市远景战略规划——以杭州2050为例》（《城市规划》，2019年第9期）一文中，笔者又将新经济地理时代背景下知识经济外溢带来的城市创新与新一轮战略相结合，来认知与谋划转型期城市的发展路径。

真正开始想着把这些相对分散的对城市的认识、研究与思考，进行系统性的总结与梳理，是在2020年。疫情之下，更多的居家办公机会，让大家有了更完整的系统思考的时间。同时，疫情的影响也让我们开始反思过去对于城市发展的种种认识和判断，并不断修正、优化、提升我们对城市的认识与观点。这也最终决定了本书的书名——《追求更美好的城市》——无论外界如何变化，人们对更美好的生活、更美好的城市的追求始终未变。

本书对2012–2020年间笔者参与的武汉、上海、杭州、大连、天津、十堰六座城市战略规划的编制内容及过程进行回顾总结，其中的一些关键性判断——包括武汉的"综合竞争力与可持续发展并重"、上海的"卓越的全球城市功能与内涵"、杭州的"创新与魅力共生"、大连的"高效对流与紧凑发展"、天津的"空间重构与产业重塑"、十堰的"外修生态、内修人文、培育新经济"等——现在看来都对这些城市一定时期的发展起到了实质性的推动作用，结论与实施效果也得到了比较好的印证。因此，这本涵盖不同层级城市发展战略、承载编制者之亲历亲思亲为的回顾之作的出版，希望能够形成针对战略规划理论和实践的阶段性总结与有益补充。

作为相关战略规划得以编制完成和落地实施的最重要

推动力,本书首先要向武汉、上海、杭州、大连、天津、十堰这六座城市时任领导班子致以诚挚谢意。同时,衷心感谢中规院李晓江、杨保军、王凯这三任院长、张菁总规划师等院领导在六大城市战略规划各阶段讨论中给予的大力指导、支持与帮助,是你们的一次次讨论与提点让笔者不断深度思考城市发展的重要方向。感谢张文彤、盛洪涛、吴之凌、殷毅、何梅等领导及武汉市规划研究院同仁们在武汉2049研究中的支持和帮助;感谢徐毅松、熊健、范宇等领导及上海市城市规划设计研究院同仁们在上海市相关研究中的支持和帮助;感谢陈祥荣、张勤、杨明聪、郑斌全、邱钢等领导及杭州市规划设计研究院同仁们在杭州战略研究中的支持和帮助;感谢刘东立、田峰、胡英春等领导及大连市城乡规划测绘地理信息事务服务中心同仁们在大连愿景规划中的支持和帮助;感谢陈勇、张志强、师武军、刘成哲等领导及天津市规划院同仁们在天津战略研究中的支持和帮助;感谢高玉成、邓念超等领导在十堰战略研究中的支持和帮助。同时,也要感谢《武汉2049远景发展战略》项目组(尹俊、姜秋全、周扬军、方伟、刘竹卿、李璇、李力、孙莹,以及武汉市规划研究院团队)、《上海城市总体规划(2017-2035年)》项目组(张振广、陈勇、葛春晖、孙烨、罗瀛、张一凡、李新阳、张佶、卢弘旻、张晓芾），《杭州市城市发展战略2050》项目组（李海涛、张振广、李国维、张亢、孙晓敏、李斌、梅佳欢、张一凡、刘珺、胡智行、章怡、汤宇轩、方雪洋、方慧莹、陈胜，以及南京大学张京祥老师团队、同济大学赵民老师团队），《大连2049城市愿景规划》项目组（张亢、李鹏飞、李国维、张振广、梅佳欢、张洋、邹歆、章怡、陈胜、宋源，以及大连市规划院团队、上海大学李峰清老师团队、哈尔滨工业大学肖作鹏老师团队），《天津市国土空间发展战略2049》项目组（张永波、林辰辉、陈阳、周韵、朱雯娟、吴乘月、李海涛、申卓、陈海涛、胡魁、邹歆、宋源、孙阳、方煜、吕晓蓓、孙文勇、张俊、樊德良、徐培祎，以及天津市城市规划设计研究院团队），《十堰2049远景发展战略》项目组（林辰辉、朱郁郁、吴乘月、姜秋全、汤春杰、闫雯、王玉、周韵、陈阳、赵祥、林彬、干迪、刘律、张际、周扬军、朱仁伟、刘培锐、高艳，以及同济大学陶小马老师团队、南京大学罗震东老师团队）的辛勤付出，感谢所有在规划编制过程中给予悉心指导的各位院领导和专家学者，篇幅有限，在此不一一赘述。

此外，本书在筹备和出版过程中得到了诸多团队、领导、专家、同行和朋友们的大力支持和慷慨帮助。在此，衷心感谢中国建筑工业出版社华东分社的张健社长、滕云飞编辑及其出版团队的耐心指导和专业服务，帮助本书以最好的面貌出现在读者面前。感谢李国维、秦诗文两位同事根据相应规划成果重新绘制的精美插图，以及中华地图学社张宝林老师在地图审查过程中给予的指导和帮助。感谢梁颖烨同事为本书设计的精致封面，寥寥数笔便勾勒出"更美好的城市"带给大家的独特感受。感谢李诗卉、陈胜两位同事对本书初稿的多轮审读及修订。

最后，本书还要向所有读者和市民致以敬意。笔者希望以城市战略规划为抓手，为追求和建设更美好的城市提供指导，但只有你们的积极参与才能最终将这些美好愿景落于实际。

距离本书"城市2049"系列开篇之作的《武汉2049远景发展战略》已经过去10年，期间这座"英雄的城市"经历了新冠疫情的侵袭又顽强站起，而为其指明发展方向的战略规划也到了再审视、自调适的时候。新冠疫情和气候变化让人们更加重视安全韧性，技术进步让未来的"智慧城市"不再遥远，"善治"转型令昔日的宏大叙事多了一抹人本宜居的温情色彩……一份好的战略规划应当与城市发展目标同频共振、与人民美好需求同声共气。站在2022年这个关键的时间点上，本书系统性地回顾并反思六大城市战略规划的编制思路和技术方法，亦能够为新时期背景下充满未知与挑战的格局重塑之路做好准备。经济转型与空间转向、绿色发展与品质提升、全球流动与枢纽集聚……种种挑战环伺在侧，战略规划愿陪伴中国城市共同成长，在不确定时代寻找属于自己的确定性。